航空工学入門講座

航空電気入門

（改訂新版）

公 益 社 団 法 人
日 本 航 空 技 術 協 会

は　し　が　き

　航空従事者の国家試験を監督している運輸省航空局乗員課では整備士，操従士などの資格を取得しようとする者，および航空会社等の基礎訓練関係者に適切な学習・訓練を実施してもらうために，それぞれの資格に適応した「基準・解説」を編集し発行しています。

　本書は，この基準・解説に基づいて，航空従事者として必ず修得しなければならない知識を述べた教科書ともいうべきものであります。

　当該科目の資格を取得しようとする者，および航空整備基礎訓練関係者等は，本書の内容を十分に理解して適切な学習を実施されるよう期待します。

　　昭和55年 3 月

社団法人　日本航空技術協会

改訂について

　本書が発刊されて既に 14 年が経過した。その間にも，航空機にはエレクトロニクス技術が随所に導入されており，コンピュータによる航空機システムのマネージメントやモニターも行われるようになった。したがって，今日の航空整備士は，航空機電気システムはもちろんのこと，アビオニクス・システムの全貌を理解していなければならない。

　そこで，1 等航空整備士をめざす人のために，航空機電気システムとアビオニクス・システムの補足改訂を行った。特に，電気・電子があまり得意でない人にも読みやすいように，ベクトルや微分積分による説明を避け，図形による説明を多くした。また，ブロック・ダイヤグラムとシステム構成図で，システムの機能と，システムを構成する部品が分かるようにした。

　本書は，ライン整備を担当する航空整備士を対象にしており，ライン整備に必要と思える範囲の解説にしてある。したがって，航空機電気システムやアビオニクスのスペシャリストには物足りない部分があると思うので，もっと詳しい説明を求める人には，当協会発行の『航空電子入門』，『航空電子装備』および『航空電気装備』をおすすめしたい。

　「第 I 部　電気の基礎」は高等学校の「物理」の中に含まれている「電気」を要約した内容になっているので，専門学校の学生諸君の復習に適していると思う。各章末にある練習問題は，1 等航空整備士国家試験 (学科) の受験勉強の参考になるような問題を選んである。

　最後に，貴重な資料を提供していただいた関係各団体，企業の皆様のご協力に感謝いたします。

　　　平成 6 年 8 月

　　　　　　　　　　　　　社団法人　日本航空技術協会

目　　　次

第 I 部　電気の基礎

第Ⅰ部　電気の基礎

2

第1章　静　電　気

1-1　静電気

　摩擦した物体が小さなちりや紙くずを引き付ける現象は，摩擦によって**静電気**が発生するからである。物体に**静電気**が生じた状態を帯電という。

(1)　2種の物体をこすり合わせると，二つの物体には互いに異符号の電気が発生する。

(2)　電気には，（＋）と（−）の2種類があり，同符号の電気の間には斥力が，異符号の電気の間には引力が働く（図1-1）。

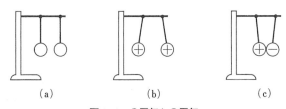

　　　　(a)　　　　　　　(b)　　　　　　　(c)

図1-1　⊕電気と⊖電気

1-2　静電気の発生

　物質は原子からできている。原子は（＋）の電気を持つ原子核と，（−）の電気を持つ電子とからなり（図1-2），通常は，互いに打ち消し合っており，電気的に中性である。

　原子からいくつかの電子を取り去ると，この原子は（＋）の電気を帯びる。原子に電子が余分に付くと（−）の電気を帯びる。

　二つの物体をこすり合わせると，電子との結合が弱い原子から電子が取り去

られ，これが電子と結合しやすい原子にくっつくため異なった符号の電気が生じる。このために前者が（＋）イオンとなり，後者が（−）イオンとなる。

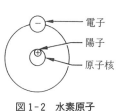

図1-2　水素原子

図1-3　静電気力

1-3　クーロンの法則

フランスのクーロン* は，帯電した二つの物体の間に働く力（静電気力）の大きさを測定し，次の法則を発見した。

静電気力は，二つの電気の量（電荷と呼ぶ）q_1 と q_2 の積に比例し，二つの電荷間の距離 r の2乗に反比例する（図1-3）。力の大きさ F は，次式となる。

$$F = k_0 \frac{q_1 q_2}{r^2} \quad \cdots\cdots\cdots\cdots\cdots\cdots\cdots\cdots\cdots\cdots\cdots\cdots (1\text{-}1)$$

k_0：比例定数

1-4　電荷の単位

二つの等しい量の電荷を1m離して置いたときに，これらがお互いに 9×10^9〔N〕の力を及ぼし合うとき，この電荷を1クーロンと呼び，〔C〕で表し，電荷の単位とする。

この単位を使うと，定数 k_0 は，次式となる。

$$k_0 = 9 \times 10^9 \ [\text{N} \cdot \text{m}^2/\text{C}^2] \quad \cdots\cdots\cdots\cdots\cdots\cdots\cdots\cdots\cdots (1\text{-}2)$$

$$\left[\begin{array}{l} \text{クーロンの法則}：F = k_0 \dfrac{q_1 q_2}{r^2} \\[2mm] \qquad\qquad k_0 = 9 \times 10^9 \ [\text{N} \cdot \text{m}^2/\text{C}^2] \end{array} \right.$$

N：ニュートン（力の単位）

---

* Charles Augustin de Coulomb（1736〜1806）

第2章　電界と電位

2-1　電　界

2-1-1　静電気力

　クーロンの法則によると二つの電荷の間に働く静電気力の大きさは，二つの電荷の積に比例し，この間の距離の2乗に逆比例する。

　電荷 q_1 と q_2 とが距離 r [m] を隔てているとき，この間に働く力の大きさ F は，次式となる。

$$F = 9 \times 10^9 \frac{q_1 q_2}{r^2} \text{ [N]} \quad \cdots\cdots (2\text{-}1)$$

2-1-2　電　界

　電荷は，その周りの空間に電気力を働かせる性質をつくる。従ってこの空間の中の他の電荷は電気力を受ける（図2-1）。

　このように**電気力の働く空間を電界**と呼ぶ。

　クーロンの法則の式に，$q_1 = q$，$q_2 = +1$ と置くと，電荷 q [C] から r [m] だけ離れた点での**電界の強さ** E は，次式となる。

$$E = 9 \times 10^9 \frac{q}{r^2} \text{ [N/C]} \quad \cdots\cdots (2\text{-}2)$$

2-2　電　位

2-2-1　電位差

　電界内の2点AとBを通る電気力線がほぼ直線で，その向きがA→Bである場合，このときA点に正電荷を置くと，電荷はA→B向きの力を受け，運動エネルギーを得る(図2-2)。これとは逆に，B点の正電荷をA点へ移動させるには，電界の向きと逆向きに外力を加えなければならない。そこで，「A点の電位がB点の電位よりも高い」という。また2点間の電位の差を**電位差**あるいは**電圧**と呼ぶ（図2-3）。

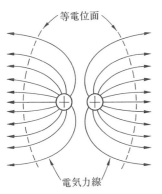

図2-1　電界と電気力線

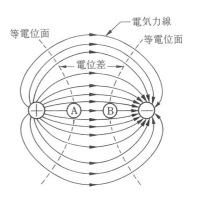

図2-2　電位差と等電位面

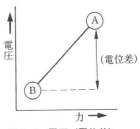

図2-3　電圧（電位差）

2-2-2　電圧の単位

　電圧の単位は〔V〕で，ボルトと呼ぶ。1〔V〕の電位差は，1〔C〕の電荷をB点からA点まで移動させるのに，1〔J〕の仕事を必要とする電位差である。従って，q〔C〕の電荷を，ある点からV〔V〕だけ電位の高い点へ移動させるのに必要な仕事W〔J〕は，次式となる。

$$W = qV \qquad\qquad (2\text{-}3)$$

　　　　　J：ジュール（仕事量の単位）

2-2-3　等電位面

　電気力線に垂直な方向へは力が働かない。従って，この方向へ電荷を移動させるには，外から力を加える必要がない。つまり電気力線に垂直な方向は電位の等しい線となる。このような電位の等しい点や線を連ねてできる面を**等電位面**と呼ぶ（図2-1，図2-2）。

2-3　電位と電界

　二つの電荷A，B間の距離をd〔m〕，電界の強さをE〔N/C〕とすると，B点に置いたq〔C〕の電荷に働く電気力F〔N〕は，次式となり，

$$F = qE \qquad\qquad (2\text{-}4)$$

力の向きはA→Bである。この力に逆らって電荷をBからAまで移動させるには，$F = qE$ と同じ大きさの力を，BからAの向きに加えなければならない。

　こうして電荷をBからAまで移動させる間に，この力のする仕事Wは，次式となる。

$$W = qEd \qquad\qquad (2\text{-}5)$$

　一方，電位差Vの定義により，

$$W = qV$$

であるから，この二つの式から，電界の強さEと，電位差Vとの間に，次式の関係が成り立つ。

$$E = \frac{V}{d} \qquad\qquad (2\text{-}6)$$

第3章　コンデンサ

3-1　静電誘導と誘電分極

3-1-1　静電誘導

　導体には，自由に動く自由電子がある。この導体内の自由電子は近くへきた⊕電荷Cに引かれて移動する。

　⊕電荷Cを持ってくると，導体の近くにA→B向きの電界をつくったことになる。あるいは，導体をA→B向きの電界内に持ってきたのと同じことになる。

　このように，**導体を電界内へ置いたとき電荷の分離が起きる現象を「静電誘導」**と呼ぶ。電界の向きをA→Bとすると導体のB側に正電荷が，A側に負電荷が分離する（図3-1）。

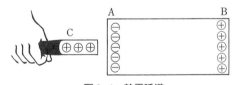

図3-1　静電誘導

3-1-2　誘電分極

　絶縁体には自由電子はないので，**絶縁体**をつくる分子は電気的には中性である。しかし，分子によっては，分子中の電子の分布が対称でなく，一方の側に正電気が，他方の側に負電気が集まるものがある。このような分子を電気的に分極した分子と呼ぶ。

　電界がないときには，絶縁体は分極の現象を示さないが，電界の中に入れると，これらの分子が電界の向きに配列する。

　このために，電界内に置かれた絶縁体でも，導体の電荷の分離と似た現象が起きる。これを「誘電分極」と呼ぶ（図3-2）。

図3-2　誘電分極

3-2　コンデンサ

3-2-1　コンデンサ

　2枚の導体の板AとBを平行に向かい合わせる。そして，AとBに電圧をかける。＋電源につないだA板に ＋Q〔C〕の電荷が現れると，静電誘導によって，B板には －Q〔C〕の電荷が現れる。AおよびBの電荷は常に等量になる。このように2枚の導体板を向かい合わせて電荷を蓄える装置をコンデンサと呼ぶ（図3-3）。

3-2-2　電気容量

　コンデンサの極板に蓄えられる電荷Q〔C〕と，電位V〔V〕との間には，次式の関係がある。

$$Q = CV \quad \cdots\cdots\cdots\cdots\cdots\cdots\cdots\cdots\cdots\cdots\cdots\cdots\cdots\cdots (3\text{-}1)$$

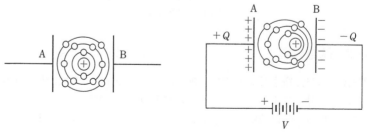

図3-3　コンデンサ

　すなわち，**コンデンサに蓄えられる電荷**Q**は，2枚の極板間の電位差**V**に比例する。**ここで比例定数Cをコンデンサの電気容量と呼ぶ。

3-2-3　電気容量の単位

　電気容量の単位は〔F：ファラッド〕である。1〔F〕は1〔C〕の電荷を蓄えたとき，電位差が1〔V〕になるようなコンデンサの電気容量である。

$$10^{-6}〔F〕＝1〔\mu F〕$$
$$10^{-12}〔F〕＝1〔\rho F〕$$

3-2-4　平行板コンデンサの電気容量

　平行板コンデンサの極板間の電圧をV〔V〕，極板間の距離をd〔m〕とすると，極板間の電界強度E〔V/m〕は，次式となる。

$$E=\frac{V}{d}\ \text{...} (3\text{-}2)$$

　また，極板の単位面積当たりに蓄えられる電気量Q〔C/m²〕は電界の強さに比例し，次式となる。

$$Q=\varepsilon E\ \text{...} (3\text{-}3)$$

εは誘電率と呼ぶ。
　極板全体に蓄えられる電気量は，極板の面積をSとすると，次式となる。

$$Q=QS=S\varepsilon E\ \text{...} (3\text{-}4)$$

コンデンサの容量Cは，(3-1)，(3-2)，(3-3) 式より，次式となる。

$$C=\frac{Q}{V}=\frac{S\varepsilon E}{Ed}=\varepsilon\frac{S}{d}\ \text{...} (3\text{-}5)$$

3-3　コンデンサの接続

いくつかのコンデンサを組み合わせ，接続することによって，電気容量や耐電圧の異なるコンデンサをつくることができる。

3-3-1　並列接続

図3-4のように電気容量 C_1〔F〕，C_2〔F〕の二つのコンデンサを並列につなぎ，電圧 V〔V〕を加える。

コンデンサに蓄えられる電気量を Q_1，Q_2 とすると，次式となり，

$$Q_1 = C_1 V \qquad Q_2 = C_2 V \quad \cdots\cdots\cdots\cdots\cdots\cdots (3\text{-}6)$$

電気量の和 Q は，次式となる。

$$Q = Q_1 + Q_2 = (C_1 + C_2) V \quad \cdots\cdots\cdots\cdots (3\text{-}7)$$

並列コンデンサの容量 C は C_1 と C_2 の和である。

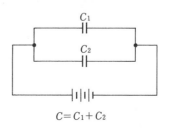

$$C = C_1 + C_2$$

図3-4　コンデンサの並列接続

3-3-2 直列接続

容量 C_1〔F〕および C_2〔F〕の二つのコンデンサを直列につなぎ，それに電圧V〔V〕をかけたときの合成容量を考える。このとき各コンデンサに現れる電気量は，図3-5のようになる。

C_1 の負の極板と C_2 の正の極板は連結されているので，C_1 の負の極板に $-Q$ の電荷が現れると，C_2 の正の極板には $+Q$ の電荷が現れる。

すなわち，直列コンデンサに蓄えられる電気量は等しくなる。そこで，各コンデンサにかかる電圧を V_1〔V〕，V_2〔V〕とすると，

$$V_1 = \frac{Q}{C_1} \qquad V_2 = \frac{Q}{C_2} \qquad \cdots\cdots\cdots\cdots\cdots\cdots\cdots\cdots\cdots\cdots (3\text{-}8)$$

$$V = V_1 + V_2 \qquad \cdots\cdots\cdots\cdots\cdots\cdots\cdots\cdots\cdots\cdots\cdots\cdots (3\text{-}9)$$

であるから，

$$V = \frac{Q}{C_1} + \frac{Q}{C_2} = \left(\frac{1}{C_1} + \frac{1}{C_2}\right) Q \qquad \cdots\cdots\cdots\cdots\cdots (3\text{-}10)$$

二つの直列コンデンサの合成容量をCとすると，次式となる。

$$\frac{1}{C} = \frac{1}{C_1} + \frac{1}{C_2} \qquad \cdots\cdots\cdots\cdots\cdots\cdots\cdots\cdots\cdots\cdots (3\text{-}11)$$

$$C = \frac{C_1 C_2}{C_1 + C_2} \qquad \cdots\cdots\cdots\cdots\cdots\cdots\cdots\cdots\cdots\cdots (3\text{-}12)$$

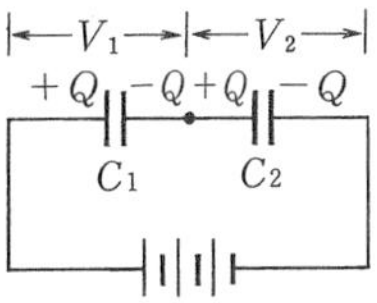

$$\frac{1}{C} = \frac{1}{C_1} + \frac{1}{C_2}$$

$$C = \frac{C_1 \times C_2}{C_1 + C_2}$$

図3-5 コンデンサの直列接続

第4章　電　　流

静電気は，導体の表面や絶縁体に電気が静かに蓄えられる現象である。
これに対して，電荷が導体の内部を流れる状態が電流である。

4-1　電流と電気抵抗

4-1-1　オーム*の法則

電池に抵抗を接続したとき，抵抗Rには電流I〔A〕が流れる。これを**オームの法則**（図4-1）と呼び，次の関係がある。

$$V = RI \quad \cdots\cdots\cdots\cdots\cdots\cdots\cdots\cdots\cdots\cdots\cdots\cdots\cdots\cdots \quad (4-1)$$

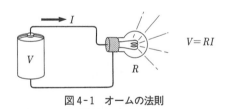

図4-1　オームの法則

4-1-2　抵抗の単位

抵抗の単位は〔Ω：オーム〕と呼ぶ。1〔Ω〕は1〔V〕の電圧によって1〔A〕
の電流が流れるような導体の抵抗である。

---

* Georg Simon Ohm（1789〜1854，ドイツの物理学者）

4-2 抵抗の接続

4-2-1 直列接続 (図4-2)

抵抗 R_1 〔Ω〕と R_2 〔Ω〕を直列につなぎ,電圧 V を加える。このとき,抵抗 R_1, R_2 に流れる電流は等しい。

電流を I とすると,オームの法則により,

$$V = (R_1 + R_2)\,I \quad \text{..} \quad (4\text{-}2)$$

すなわち,**直列に接続した抵抗の合成抵抗**は,次式となる。

$$R = R_1 + R_2 \quad \text{..} \quad (4\text{-}3)$$

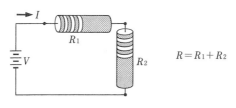

$$R = R_1 + R_2$$

図4-2 抵抗の直列接続

4-2-2 並列接続 (図4-3)

R_1 〔Ω〕と R_2 〔Ω〕を並列に接続したものに電圧 V 〔V〕をかける。このとき,それぞれの抵抗を流れる電流を I_1 〔A〕, I_2 〔A〕とすると,オームの法則により,

$$V = R_1 I_1 = R_2 I_2 \quad \text{..} \quad (4\text{-}4)$$

R_1 と R_2 を並列にしたものを一つの抵抗と考えたときの電流 I は,

$$I = I_1 + I_2 = V\left(\frac{1}{R_1} + \frac{1}{R_2}\right) \quad \text{................................} \quad (4\text{-}5)$$

並列接続の合成抵抗 R は,次式となる。

$$\frac{1}{R} = \frac{1}{R_1} + \frac{1}{R_2} \quad \text{..} \quad (4\text{-}6)$$

$$R = \frac{R_1 R_2}{R_1 + R_2} \quad \cdots\cdots\cdots\cdots\cdots\cdots\cdots\cdots\cdots\cdots\cdots\cdots \quad (4-7)$$

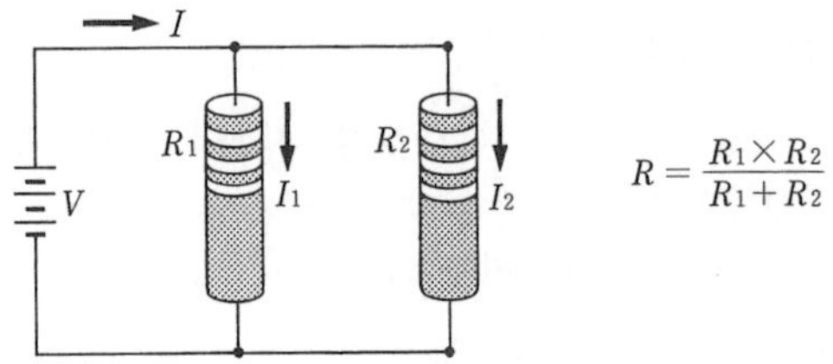

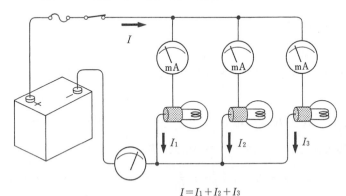

$$R = \frac{R_1 \times R_2}{R_1 + R_2}$$

図 4-3　抵抗の並列接続

4-3　キルヒホッフ* の法則

複雑な回路の各部分を流れる電流や電圧を求めるのに，キルヒホッフの法則が使われる。

4-3-1　キルヒホッフの第一法則

回路のどの分岐点でも，そこへ流れ込む電流の和は，そこから流れ出る電流の和に等しい。

流れ込む電流の和＝流れ出る電流の和　　$I = I_1 + I_2 + I_3$

$$I = I_1 + I_2 + I_3$$

図 4-4　キルヒホッフの第一法則，流れ込む電流の和は流れ出る電流の和に等しい

---

* Gustau Robert Kirchhoff（1824〜1887，ドイツの物理学者）

4-3-2 キルヒホッフの第二法則

任意の一回りの回路について，起電力の代数和は電圧降下の代数和に等しい。

起電力の和＝電圧降下の和 $V = V_1 + V_2 + V_3$

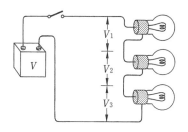

図4-5 キルヒホッフの第二法則，起電力の代数和は電圧降下の代数和に等しい

4-3-3 キルヒホッフの法則の応用

内部抵抗 20〔Ω〕，最大目盛 1〔mA〕の電流計で最大 100〔mA〕の電流を測定する場合。図4-6 のようにシャント R〔Ω〕を接続する。電線Aに 100〔mA〕の電流が流れる時，電流計に 1〔mA〕，シャント R に (100-1)〔mA〕の電流が流れる（キルヒホッフの第一法則）。

次にシャント R による電圧降下と電流計による電圧降下を考える（キルヒホッフの第二法則）。

$$20 \times 1 \times 10^{-3} = R \times (100 - 1) \times 10^{-3}$$

$$R = \frac{20}{99} \fallingdotseq 0.2 \, 〔Ω〕$$

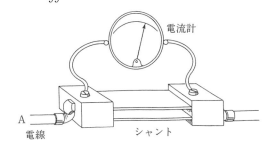

図4-6 電流の測定

4-4　ホイートストンブリッジ（Wheatstonebridge）*

図4-7はホイートストンブリッジと呼ばれる回路である。これはAB間に起電力Eの電池をつなぎ，CD間の電位差が0になるように，四つの抵抗R_1，R_2，R_3，R_4を選んである。

キルヒホッフの法則を用いて，CD間の電位差が0になる条件を求めると，次式となる。

第二法則より　　　$E = (R_1 + R_3)\,i_1 = (R_2 + R_4)\,i_2$　　　……………（4-8）

$$i_1 = \frac{E}{R_1 + R_3} \qquad i_2 = \frac{E}{R_2 + R_4} \quad \cdots\cdots\cdots\text{（4-9）}$$

次にCD間の電位差Vを求めるために，A点に対するCおよびDの電位を求める。オームの法則により，CおよびDの電位はA点の電位より$R_1 i_1$および$R_2 i_2$だけ低い。従って，次式となる。

$$V = R_1 i_1 - R_2 i_2 \quad \cdots\cdots\cdots\cdots\cdots\cdots\cdots\cdots\text{（4-10）}$$

（4-9）式に（4-8）式のi_1およびi_2を代入して計算すると，次式となる。

$$V = \frac{R_1 R_4 - R_2 R_3}{(R_1 + R_3)(R_2 + R_4)} E \quad \cdots\cdots\cdots\cdots\cdots\text{（4-11）}$$

従って，CD間の電位差$V = 0$となるためには，次式であること。

$$R_1 R_4 = R_2 R_3 \quad \cdots\cdots\cdots\cdots\cdots\cdots\cdots\cdots\text{（4-12）}$$

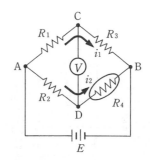

図4-7　ホイートストンブリッジ

---

* Charles Wheatstone（1802〜1875，イギリスの物理学者）

4-4-1 ホイートストンブリッジの応用

(1) 未知の抵抗を測定するのにホイートストンブリッジが使われる。CD 間に検流計 G をつなぎ，DB 間に未知の抵抗 R_x を接続し，検流計が振れないように可変抵抗器 R_3 を調整する〔**図4-8**(a)〕。

$R_1 = R_2$ にしておけば $R_x = R_3$ となり，R_x を測定することができる。

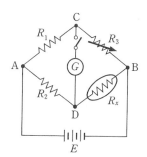

図4-8(a)　未知抵抗の測定装置

(2) 航空機では操縦室窓ガラスの温度を一定に保つ場合のヒータコントロール・センサにホイートストンブリッジの原理が応用されている〔**図4-8**(b)〕。

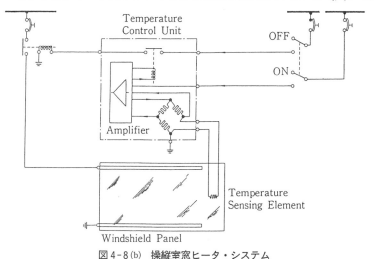

図4-8(b)　操縦室窓ヒータ・システム

第5章　電子と電流

5-1　自由電子と電流

　導体を流れる電流は，導体内の自由電子の移動によるものである。**電子がある方向に移動することは，その逆の方向に電流が流れる**ことを意味する（図5-1，図5-2）。

　長さ l〔m〕，断面積 S〔m²〕の導体に，電界 E〔V/m〕をかけたとき導体の自由電子が電界の向きと逆向きに，速さ v〔m/s〕で移動したとする，導体の中の1〔m²〕当たりの自由電子の数を n，1個の電子の電荷の絶対値を e とする。

　導体のある断面を1〔s〕間に通過する電子の数は nvS であるから，この断面を通過する電荷の量，すなわち電流の大きさ I〔A〕は，次式となる。

$$I = envS \quad \cdots\cdots\cdots\cdots\cdots\cdots\cdots\cdots\cdots\cdots\cdots\cdots\cdots\cdots (5\text{-}1)$$

図5-1　電子の移動と電流(1)

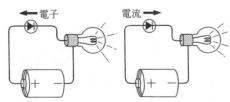

図5-2　電子の移動と電流(2)

5-2　半導体

　自由電子が，導体に比べて少数しか含まれていない物質を，半導体と呼ぶ。

　その代表的なものはシリコン(Si：ケイ素)の結晶である。シリコンの結晶はほとんど不導体であるが，微量のひ素（As）を溶かし込んだ結晶をつくると，ひ素の原子がシリコンの原子よりも電子を1個多く持っているために，この電子が結晶中に放出されて**自由電子**となる（図5-3）。

　またシリコン原子よりも1個少ない電子を持つボロン（B：ほう素）を溶かし込んだ結晶をつくると，電子の不足したところができる。これを**ホール**といい（図5-4），電界を与えるとこのホールが電界の向きに移動して電流となる。

　このように，電界をかけたとき，**電子が動く半導体をN型半導体**，**ホールが動く半導体をP型半導体**と呼んでいる。

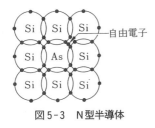

図5-3　N型半導体

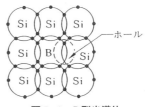

図5-4　P型半導体

5-3　導体，半導体の抵抗の温度変化

　導体の抵抗 R〔Ω〕は導体の長さ l〔m〕に比例し，その断面積 S〔m²〕に反比例する。

　抵抗に対する公式

$$R = \rho \frac{l}{S} \quad \cdots\cdots\cdots\cdots\cdots\cdots\cdots\cdots\cdots\cdots\cdots\cdots\cdots\cdots\cdots \quad (5\text{-}2)$$

　またこれより，抵抗率 ρ は，

$$\rho = \frac{2m}{ne^2t} \quad \cdots\cdots\cdots\cdots\cdots\cdots\cdots\cdots\cdots\cdots\cdots\cdots\cdots\cdots \quad (5\text{-}3)$$

である。これから導体および半導体の抵抗 R の温度変化がわかる。

　抵抗率 ρ の式中の m および e は，それぞれ電子の質量および電荷を表し，こ

れは温度が変わっても変わらない。温度とともに変化するものは1〔m²〕当たりの電子の数 n と，電子がイオンと衝突する時間間隔 t である。

a．導体の場合

　導体では，温度が上がると正イオンの熱振動が激しくなり，このため自由電子が正イオンと衝突する回数が増え，t が小さくなる。このために ρ が大きくなり，導体の抵抗 R が大きくなる。

　つまり，**導体の抵抗は温度とともに増す。**

b．半導体の場合

　半導体では，温度が上がっても，衝突の時間間隔はそれほど変わらない。しかし温度が上がると，自由電子の数 n が多くなって，ρ が小さくなり，抵抗 R が小さくなる。

　すなわち，**半導体では，温度が上がると抵抗が減る。**

5-4　半導体の応用

　P型半導体とN型半導体とを図5-5のように接合したものをP−N接合と呼び，整流作用を持つ半導体ダイオードである（図5-5）。

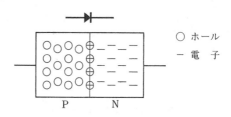

図5-5　半導体P−N接合

5-4-1　半導体ダイオードの整流作用

　半導体ダイオードに電圧を加えない状態では，P型部分にはホールが，N型部分には電子が平均して分布している。

a．逆方向

　半導体ダイオードのP型が（−），N型が（＋）になるように電圧をかけると，P型部分のホールは−極に引かれ，N型部分の電子は＋極に引かれ，P型とN型の接合部分に電気を運ぶものは何も残らない。そのため，電流は流れな

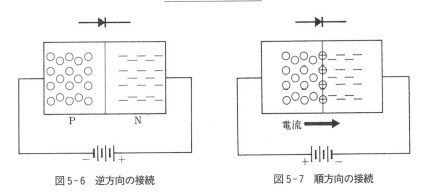

図5-6 逆方向の接続　　　　　　　　図5-7 順方向の接続

い。これを逆方向という（図5-6）。

b．順方向

　P型が（＋），N型が（−）になるように電圧をかけると，P型部分のホールおよびN型部分の電子は接合面を通り抜けて反対側の領域に進んで行く。各領域ではホールと電子の結合が起こるが，P型の電極からはホールが，N型の電極からは電子が次々に供給されるので電流が流れ続ける。これを順方向という（図5-7）。

　このように半導体ダイオードは，P型からN型へ向けてのみ電流を流す整流作用を持っている。

5-4-2　トランジスタ

　P型半導体の間に薄いN型半導体をサンドイッチしたものをP−N−P型トランジスタと呼び，N型半導体の間に薄いP型半導体をサンドイッチしたものをN−P−N型トランジスタと呼ぶ（図5-8）。

　トランジスタは，増幅作用を持っている。

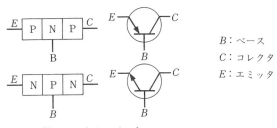

B：ベース
C：コレクタ
E：エミッタ

図5-8　トランジスタ

ａ．Ｐ－Ｎ－Ｐ型トランジスタの電流増幅作用

図5-9のようにコレクタとベースの間には，ベースが(+)となるように，電池 E_c を接続する。これは逆方向であるから，電流はほとんど流れない。

ここでエミッタとベースとの間に，エミッタが(+)となるように，電池 E_B を接続する。これは順方向であるから，ホールがエミッタからベースに向けて流れ込む。しかしベースがきわめて薄く，かつエミッタに比べてコレクタの電位が低いため，ホールの多くはベースを通り抜けてコレクタに流れ込みコレクタ電流となる。

エミッタからベースへ流れるベース電流がわずかに変化しても，コレクタ電流は大幅に変化する。これを**トランジスタの電流増幅作用**という。

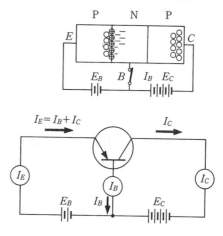

図5-9 トランジスタの増幅作用

第6章　電流と磁界

6-1　磁　界

6-1-1　磁　力

　磁石には磁極（N極とS極）があり，N（S）極同士は互いにしりぞけ合い，N極とS極とは互いに引き合う。

　磁極間に働く磁力は磁極の強さの積に比例し，磁極間の距離の2乗に反比例する。

　真空中で強さの等しい二つの磁極を1〔m〕離したときに及ぼし合う力の大きさが，

$$6.33 \times 10^4 \,\text{〔N〕} \quad \cdots\cdots\cdots\cdots\cdots\cdots\cdots\cdots\cdots\cdots\cdots\cdots \quad (6\text{-}1)$$

であるとき，その磁極の　強さは1ウエーバ〔Wb〕である。

　従って，強さが m_1〔Wb〕と m_2〔Wb〕の磁極を真空中で r〔m〕離して置いたとき，磁極間に働く力の大きさは，次式となる。

$$F = k_0 \frac{m_1 m_2}{r^2} \quad \cdots\cdots\cdots\cdots\cdots\cdots\cdots\cdots\cdots\cdots\cdots \quad (6\text{-}2)$$

$$k_0 = 6.33 \times 10^4 \,\text{〔N·m}^2/\text{Wb}^2\text{〕}$$

6-1-2　磁　界

　磁石の周りの空間では，他の磁石や鉄は力を受ける。このような空間を**磁界**（または**磁場**）という。

　磁界内に1〔Wb〕のN磁極を置いたとき，このN磁極に働く力を磁界ベクト

ルといい，$\vec{H}$で表す。

　磁界が$\vec{H}$の点に強さmの磁極を置いたとき，磁極の受ける力Fは，

$$F = mH \quad \cdots\cdots\cdots\cdots\cdots\cdots\cdots\cdots\cdots\cdots\cdots\cdots\cdots\cdots\cdots\cdots\cdots\cdots\cdots\cdots\cdots (6\text{-}3)$$

である。

6-1-3　磁力線

　磁力線は図6-1のように，N極から出発してS極に入る。磁界の強い(磁極に近い) ところほど磁力線は密である。

★　**地磁気**：地球上に磁針を置くと，N極が北を，S極が南を指す。これは地球が磁石であり，北極の近くにS極が，南極の近くにN極があることを示している。地球の持つ磁気を地磁気という。

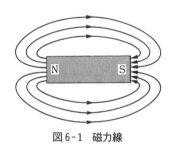

図6-1　磁力線

6-1-4　超伝導による磁場の活用

　金属は導体であるが，抵抗をもっている。ところがアルミニウムやスズなどの金属は，温度を極低温に下げると突然抵抗が消失する。この現象を超伝導という。超伝導を用いた電磁石は強い磁場をつくることができる。

　通常の金属で作ったコイルに大電流を流すと，抵抗によりジュール熱を発生し高温となり，電力消費も大きいが，超伝導の金属でコイルを作れば，温度も上昇せず，電力の消費もない強い磁場が得られる。

6-2 電流により発生する磁界

6-2-1 直線電流による磁界

直線電流の周りにできる磁界は，平面と直線との交点を中心とする同心円になっている（図6-2）。

a．右ねじの法則（図6-3）

直線電流のつくる磁力線の向きは，右ねじの回る向きになっている。これを「**右ねじの法則**」と呼ぶ。

b．直線電流による磁界の強さ

直線電流 I 〔A〕から r 〔m〕だけ離れた点での磁界の強さ H は，次式となる。

$$H = \frac{I}{2\pi r} \quad \cdots\cdots\cdots\cdots\cdots\cdots\cdots\cdots\cdots\cdots\cdots\cdots\cdots\cdots\cdots (6-4)$$

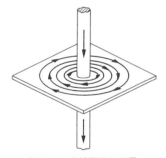

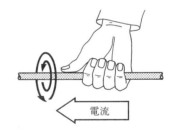

電流

図6-2 直線電流と磁界　　　　図6-3 右ねじの法則

6-2-2 磁界の単位

磁界の単位は〔A/m〕である。

6-2-3　円形電流による磁界（図6-4）

　円形に流れる電流の磁界の方向は，電流の向きに右ねじの回る方向になる。

ａ．円形電流による磁界の強さ

　半径 r〔m〕の円形電流の中心の磁界の強さHは，次式となる。

$$H = \frac{I}{2r}$$ ·· (6-5)

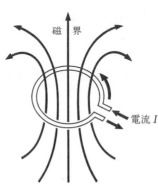

図6-4　円形電流による磁界

6-2-4　コイルによる磁界（図6-5）

　コイルに電流を流すと，円形電流を重ねたものになる。従って，電流の向きに回るねじの進行方向に磁界ができる。

ａ．コイルによる磁界の強さ

　コイルを流れる電流のつくる磁界の強さHは，

$$H = nI$$ ·· (6-6)

である。I〔A〕：電流，n〔1/m〕：コイルの巻数。

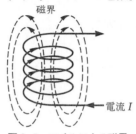

図6-5　コイルによる磁界

6-3 磁界の中で電流が受ける力

6-3-1 電流が磁界から受ける力

電流 I 〔A〕の流れている導線を磁界 H〔A/m〕の中に置くと，導線は磁界から力を受ける。この力の大きさ F〔N〕は，次式となる。

$$F = IBl\sin\theta \qquad\cdots\cdots\cdots\cdots\cdots\cdots\cdots\cdots\cdots\cdots\cdots (6-7)$$

B：磁束密度，l：導線の長さ，θ：B と I のなす角

a．磁束密度

磁束密度ベクトル $\vec{B}$ と磁界ベクトル $\vec{H}$ との間には，次式の関係がある。

$$\vec{B} = \mu\vec{H} \qquad\cdots\cdots\cdots\cdots\cdots\cdots\cdots\cdots\cdots\cdots\cdots (6-8)$$

ただし，比例定数 μ は空間の物質によって決まる定数で，透磁率と呼ぶ。

b．透磁率

(1) 透磁率の単位

磁束密度 B の単位は〔N/A・m〕あるいは〔Wb/m³〕であり，H の単位は〔A/m〕である。従って，B と H との関係を示す式から，透磁率 μ の単位は，

$$〔N/A^2〕=〔Wb/A・m〕=〔H/m〕 \qquad\cdots\cdots\cdots\cdots\cdots (6-9)$$

となる。〔H〕はヘンリーと呼ばれる単位である。

(2) 比透磁率

透磁率 μ は，真空に対しては，

$$\mu_0 = 4\pi\times10^{-7} = 1.26\times10^{-6}〔N/A^2〕 \qquad\cdots\cdots\cdots\cdots\cdots (6-10)$$

である。しかし，一般に磁性体では μ は μ_0 に比べてはるかに大きい。そこで，

$$\mu_r = \frac{\mu}{\mu_0} \qquad\cdots\cdots\cdots\cdots\cdots\cdots\cdots\cdots\cdots\cdots\cdots (6-11)$$

で定義される μ_r を比透磁率と呼ぶ。

c．磁束

磁束密度 B〔Wb/m²〕と面積 S〔m²〕との積を磁束 ϕ と呼ぶ。

$$\phi = BS \quad \text{〔Wb〕} \quad \cdots\cdots\cdots\cdots\cdots\cdots\cdots\cdots\cdots\cdots\cdots\cdots\cdots (6\text{-}12)$$

6-3-2　フレミング*の左手の法則

　電流が磁界から受ける力の向きは**フレミングの左手の法則**による。

　すなわち，電流ベクトル$\vec{I}$を磁束密度ベクトル$\vec{B}$に重ねるように右ねじに回すと，ねじの進む方向が力Fの向きとなる（図6-6）。

　参考：平行な2本の導線に同じ向きの電流を流すと，導線は互いに引き合う。
　　　　また，2本の導線の電流の方向が反対方向の場合は互いにしりぞけ合う（図6-7）。

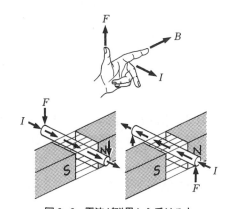

図6-6　電流が磁界から受ける力

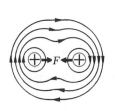

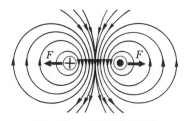

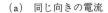

（a）同じ向きの電流　　　　　　（b）互いに反対方向の電流

図6-7　平行な2本の導線に電流を流した場合に生じる磁界と力

---

* John Amgrose Fleming（1849〜1945, イギリスの電気工学者）

a．ローレンツ*力

電気量 q〔C〕の電荷が，速度 v〔m/s〕で，磁束密度 B〔Wb/m²〕と θ の角をなす方向に運動するとき，電荷は磁界から力を受ける。この力を**ローレンツ力**と呼ぶ。ローレンツ力の大きさ F〔N〕は，次式となる。

$$F = qvB\sin\theta \quad\cdots\cdots\cdots\cdots\cdots\cdots\cdots\cdots\cdots\cdots (6\text{-}13)$$

また，力の向きは v を B に重ねるように右ねじに回すとき，ねじの進む向きである。

b．磁性体と磁化

磁界の中に置いた物体が磁石になることを**磁化**といい，磁化する物体を**磁性体**という（図6-8）。

磁性体は多数の分子磁石をその中に含んでいる。永久磁石では，分子磁石の向きがそろっており，そのために強い磁性を持つ。軟鉄は分子磁石の向きがばらばらであるために，全体としては磁石にならない。しかし，外から磁界を加えると，分子磁石の向きがそろって，磁石になる。

鉄，コバルト，ニッケルなどの金属およびフェライトなどの酸化物は透磁率が大きく強磁性体と呼び，アルミニウムや空気のような透磁率が小さい磁性体を常磁性体と呼ぶ。また，銅，水，水素などのように，磁界の向きとは反対方向に磁化される物質を，**反磁性体**と呼んでいる。

鉄やコバルト，フェライトの比透磁率は100〜10,000。

図6-8　磁性体と磁化

---

* Hendrik Antoon Lorentz（1853〜1928，オランダの理論物理学者）

6-4　電磁誘導

6-4-1　誘導起電力

　電流はその周りに磁界を生じる。この逆に，磁界は電流を発生する。ファラデー* は磁界の時間的変化が電流を生じることを発見した。

a．電磁誘導（図6-9）

　コイルの中の磁石を下に動かすと，コイルに電流が流れる。逆に磁石を上に上げると，コイルにはこれと逆向きの電流が流れる。この起電力は，**誘導起電力**，電流は**誘導電流**と呼ばれる。

b．レンツ** の法則

　「**誘導起電力の向きは，その起電力のつくる磁束が，元の磁束の時間的変化を妨げる向きである。**」これを**レンツの法則**という。

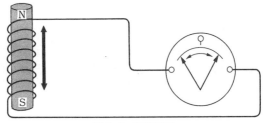

図6-9　電磁誘導

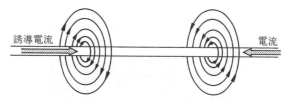

（a）　誘導電流による磁束　（b）　電源の電流による磁束

図6-10　**誘導起電力**

---

* Michael Faraday（1791〜1867，イギリスの物理学者）

** Heinrich Friedrich Emil Lenz（1804〜1865，ロシアの物理学者）

c．ファラデーの電磁誘導の法則

　ファラデーは，回路をよぎる磁束の時間的変化があれば，常に誘導電流（あるいは起電力）が生じることを発見した。

　すなわち，Δt〔s〕間に回路をよぎる磁束 ϕ〔Wb〕が $\Delta\phi$ だけ変化するとき生じる誘導起電力 V〔V〕は，次式となる。

$$V = -\frac{\Delta\phi}{\Delta t} \quad\cdots\cdots\cdots\cdots\cdots\cdots\cdots\cdots\cdots\cdots\cdots\cdots (6\text{-}14)$$

　この式の（−）符号は，誘導起電力 V が磁束の時間的変化を妨げる向きに生じることを示す。

　コイルの巻数が N の場合は，

$$V = -N\frac{\Delta\phi}{\Delta t} \quad\cdots\cdots\cdots\cdots\cdots\cdots\cdots\cdots\cdots\cdots (6\text{-}15)$$

となる。

　磁束 ϕ は磁束密度 B と回路の面積 S との積である。従って，磁束密度が回路に垂直でない場合は，回路に対して垂直な成分を考えればよい。

　磁束密度 B が回路の面と角 θ をなす場合は，

$$\phi = BS\cos\theta$$

となる。

6-4-2　相互誘導と自己誘導

a．相互誘導（図6-11）

　図のような二つの**電線の一方に時間的に変化する電流を流す**と，他方の電線に**誘導起電力を生じる**。これが**相互誘導**である。

　電線(1)に流れる電流 I〔A〕が時間 Δt〔s〕の間に ΔI〔A〕だけ変化すると，電線(2)に生じる誘導起電力 V〔V〕は，次式となる。

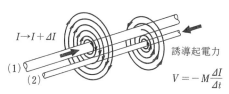

図6-11　相互誘導

$$V = -M\frac{\varDelta I}{\varDelta t} \quad \cdots\cdots\cdots\cdots\cdots\cdots\cdots\cdots\cdots\cdots\cdots\cdots\cdots (6-16)$$

Mは**相互インダクタンス**と呼ばれる比例定数である。電線(2)の誘導起電力は電線(1)の電流を妨げる向きに発生するので（−）の符号をつける。

ｂ．自己誘導（図6-12）

コイルに電流が流れると磁束ができるが，この磁束はコイルの中に発生しているので，コイルの電流が変化すると，磁束も変化し，誘導起電力が生じる。これを**自己誘導**と呼ぶ。自己誘導起電力V〔V〕は，

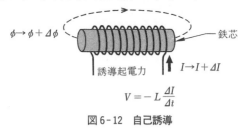

$$V = -L\frac{\varDelta I}{\varDelta t}$$

図6-12　**自己誘導**

$$V = -L\frac{\varDelta I}{\varDelta t} \quad \cdots\cdots\cdots\cdots\cdots\cdots\cdots\cdots\cdots\cdots\cdots\cdots\cdots (6-17)$$

となり，比例定数Lを**自己インダクタンス**という。

ｃ．インダクタンスの単位

インダクタンスの単位は〔V・s/A〕である。これを〔H〕（ヘンリー）とも呼ぶ。

$$〔H〕=〔V・s/A〕=〔Wb/A〕=〔N・m/A^2〕$$

6-5　電　力

磁界によって誘導起電力が発生すると，電流が流れる。誘導起電力による電位差が1〔V〕の時，1〔A〕の電流が流れると1〔J〕のエネルギーが発生する。1秒間に1〔J〕のエネルギーを発生する電力を1〔W〕という。

第7章　交　　流

7-1　交　流

　磁界の中にあるコイル(横 a ，縦 b)が，磁界と垂直な位置から θ の角になったとき，コイルを貫く磁束 ϕ は，

$$\phi = Bab\cos\theta \quad\cdots\cdots\cdots\cdots\cdots\cdots\cdots\cdots\cdots (7\text{-}1)$$

となる。ab はコイルの面積 S と等しい。従って，

$$\phi = BS\cos\theta \quad\cdots\cdots\cdots\cdots\cdots\cdots\cdots\cdots\cdots (7\text{-}2)$$

となる。θ が時間とともに $\theta = \omega t$ に変化すると，

$$\phi = BS\cos\omega t \quad\cdots\cdots\cdots\cdots\cdots\cdots\cdots\cdots (7\text{-}3)$$

となる。誘導起電力 $V = -\dfrac{\Delta\phi}{\Delta t}$ であるから，

$$V = BS\omega\sin\omega t \quad\cdots\cdots\cdots\cdots\cdots\cdots\cdots (7\text{-}4)$$

となる。

　コイルを1回転させると，誘導起電力は図7-1のように変化する。この図からも分かるように，**誘導起電力は一定の時間ごとに向きが逆転する電圧となる。**これを**交流電圧**という。

　交流の周期 T は（円運動を考えれば $\omega T = 2\pi$ であるから），

$$T = \frac{2\pi}{\omega} \quad\cdots\cdots\cdots\cdots\cdots\cdots\cdots\cdots\cdots (7\text{-}5)$$

交流の周波数は，

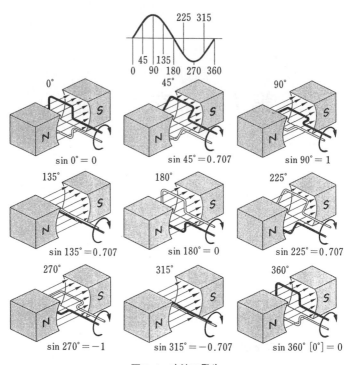

図7-1　交流の発生

$$f = \frac{1}{T} = \frac{\omega}{2\pi} \text{[Hz]} \quad \cdots\cdots\cdots\cdots\cdots\cdots\cdots\cdots\cdots\cdots\cdots\cdots \quad (7\text{-}6)$$

となる。

7-2　交流の実効値

$V = BS\omega\sin\omega t$ において，$\sin\omega t = 1$ のとき $V_0 = BS\omega$ となる。

V_0 は**交流電圧の最大値**を表す。この交流電圧に抵抗 R〔Ω〕を接続すると，電流は，

$$I = \frac{V}{R} = I_0\sin\omega t \quad \cdots\cdots\cdots\cdots\cdots\cdots\cdots\cdots\cdots\cdots \quad (7\text{-}7)$$

が流れる。I_0 は**電流の最大値**。

従って，**電力** P は，

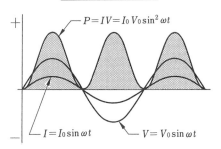

図7-2 交流電力

$$P = IV = V_0 I_0 \sin^2 \omega t \quad \cdots\cdots\cdots\cdots\cdots\cdots\cdots\cdots\cdots\cdots \quad (7\text{-}8)$$

となる。すなわち，**消費電力は時間とともに** $\sin^2 \omega t$ **の変化をする**。次に，消費電力の時間的平均を考えると，三角法の公式より，

$$\sin^2 \omega t = \frac{1}{2}(1 - \cos 2\omega t) \quad \cdots\cdots\cdots\cdots\cdots\cdots\cdots \quad (7\text{-}9)$$

である。ここで $\cos 2\omega t$ の1周期についての時間的平均を考えると0である。従って，

$$\sin^2 \omega t \text{ の時間的平均は } \frac{1}{2} \text{ となり，}$$

$$P = IV \text{ の時間的平均は } \frac{1}{2} I_0 V_0 \text{ となる。}$$

ところで，$\dfrac{V_0}{\sqrt{2}}$ の直流電圧を抵抗Rに加えると，オームの法則により $\dfrac{I_0}{\sqrt{2}}$ の電流が流れる。このとき消費電力は，

$$P = \frac{V_0}{\sqrt{2}} \times \frac{I_0}{\sqrt{2}} = \frac{1}{2} V_0 I_0 \quad \cdots\cdots\cdots\cdots\cdots\cdots\cdots \quad (7\text{-}10)$$

となる。そこで，

$$\frac{V_0}{\sqrt{2}} \text{ を電圧の実効値といい，}$$

$$\frac{I_0}{\sqrt{2}} \text{ を電流の実効値という。}$$

交流の場合，電力として有効に働くのは，最大値電圧 V_0，最大値電流 I_0 ではなく実効値である。

7-3 変圧器

相互誘導の現象を使って，電力を消費しないで，交流電圧を上げたり下げたりすることができる。

図7-3の一次コイルを流れる電流が変化すると，鉄芯に発生する磁束線の数が変化する。

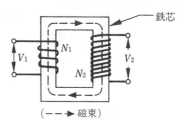

図7-3 変圧器

変圧器では，一次コイルを通る磁束線がほとんどそのまま二次コイルを通るようになっている。従って，**一次コイルの巻数を** N_1，**二次コイルの巻数を** N_2 とすると，**一次コイルの電圧と二次コイルに発生する電圧の関係**は，

$$\frac{V_1}{V_2} = \frac{N_1}{N_2}$$ .... (7-11)

となる。

変圧器では，磁束は鉄芯からほとんどもれずに二次コイルを通過するので，鉄芯によるエネルギー損失を無視できる。したがって電圧を変えても電力の消費がない。一次コイルの電流を I_1，二次コイルの電流を I_2 としたとき，

$$電力 = I_1 V_1 = I_2 V_2$$ .... (7-12)

となる。

7-4 交流回路

7-4-1 コイルを流れる交流

コイルを交流電源につなぐ（図7-4）と交流電圧が，

$$V = V_0 \sin \omega t \quad （ただし，\omega = 2\pi f） \quad \cdots\cdots\cdots\cdots (7\text{-}13)$$

と変化するので，コイルには電流の増加を妨げる誘導起電力が発生する。この誘導起電力 V' はコイルのインダクタンスが L のとき，

$$V' = -L\frac{\varDelta I}{\varDelta t} \quad (I：コイルの電流) \quad \cdots\cdots\cdots\cdots (7\text{-}14)$$

$$= -\omega L I_0 \cos \omega t \quad \cdots\cdots\cdots\cdots\cdots\cdots\cdots (7\text{-}15)$$

である。従って，

$$V = -V' = \omega L I_0 \cos \omega t \quad \cdots\cdots\cdots\cdots\cdots\cdots (7\text{-}16)$$

$$= \omega L I_0 \sin\left(\omega t + \frac{\pi}{2}\right) \quad \cdots\cdots\cdots\cdots\cdots\cdots (7\text{-}17)$$

となり，電圧は電流より位相が $\frac{\pi}{2}$ だけ進んでいることが分かる。

すなわち，コイルを流れる電流 I は交流電圧 V より $90°$ 遅れている。また，

$$V_0 = \omega L I_0$$

より，自己インダクタンス L のコイルの見かけの抵抗 R' が，

$$R' = \omega L \quad \cdots\cdots\cdots\cdots\cdots\cdots\cdots\cdots\cdots\cdots\cdots (7\text{-}18)$$

であることになる。これを**コイルの誘導リアクタンス**と呼ぶ。

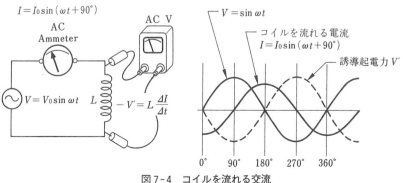

図7-4 コイルを流れる交流

7-4-2　コンデンサを流れる交流

　電気容量 C のコンデンサに交流電源をつなぐ(図7-5)。コンデンサにたまる電気量を Q とすると，電気量 Q の時間的変化は電流に等しい。従って，

$$I = \frac{\Delta Q}{\Delta t} \quad \cdots\cdots\cdots\cdots\cdots\cdots\cdots\cdots\cdots\cdots\cdots\cdots \quad (7\text{-}19)$$

$Q = CV$ であるから，

$$\Delta Q = C\Delta V \quad \cdots\cdots\cdots\cdots\cdots\cdots\cdots\cdots\cdots\cdots\cdots \quad (7\text{-}20)$$

従って，

$$I = \frac{\Delta Q}{\Delta t} = C\frac{\Delta V}{\Delta t} \quad \cdots\cdots\cdots\cdots\cdots\cdots\cdots\cdots\cdots\cdots \quad (7\text{-}21)$$

$V = V_0\sin\omega t$ のとき

$$\frac{\Delta V}{\Delta t} = \omega V_0\cos\omega t \quad \cdots\cdots\cdots\cdots\cdots\cdots\cdots\cdots\cdots\cdots \quad (7\text{-}22)$$

であるから，(7-21) 式より，

$$I = C\frac{\Delta V}{\Delta t} = \omega CV_0\cos\omega t = \omega CV_0\sin\left(\omega t + \frac{\pi}{2}\right) \quad \cdots\cdots \quad (7\text{-}23)$$

$$I_0 = \omega CV_0$$

これより，**コンデンサを流れる電流は交流電圧よりも 90° だけ位相が進んでいる**ことが分かる。

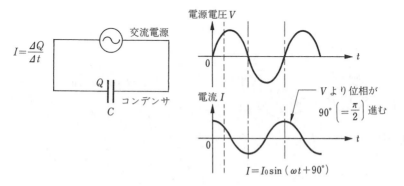

図7-5　コンデンサを流れる交流

また,

$$I_0 = \omega C V_0$$

であるから容量Cのコンデンサの見かけの抵抗R'は,

$$R' = \frac{1}{\omega C}$$

となる。これを**コンデンサの容量リアクタンス**と呼ぶ。

7-4-3 R, L, C 直列回路

　抵抗R, コイルL, コンデンサCを直列につなぎ, この回路に流れる電流をIとする（図7-6）。

　Rにかかる電圧 V_R は電流と同位相であり, その大きさは,

$$V_R = IR \quad \cdots\cdots\cdots\cdots\cdots\cdots\cdots\cdots\cdots\cdots\cdots\cdots\cdots (7\text{-}24)$$

コイルにかかる電圧 V_L は電流よりも位相が90°進んでおり,

$$V_L = \omega L I \quad \cdots\cdots\cdots\cdots\cdots\cdots\cdots\cdots\cdots\cdots\cdots (7\text{-}25)$$

コンデンサにかかる電圧 V_C は電流より位相が90°遅れており,

$$V_C = \frac{I}{\omega_C} \quad \cdots\cdots\cdots\cdots\cdots\cdots\cdots\cdots\cdots\cdots (7\text{-}26)$$

これを合成すると,

$$V_0 = \sqrt{(RI_0)^2 + (\omega L I_0 - \frac{I_0}{\omega C})^2} \quad \cdots\cdots\cdots\cdots\cdots (7\text{-}27)$$

$$= I_0 \sqrt{R^2 + (\omega L - \frac{1}{\omega C})^2} \quad \cdots\cdots\cdots\cdots\cdots (7\text{-}28)$$

$$Z = \sqrt{R^2 + (\omega L - \frac{1}{\omega C})^2} \quad \cdots\cdots\cdots\cdots\cdots (7\text{-}29)$$

これを**合成インピーダンス**と呼ぶ（図7-7）。

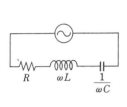

図7-6　R, L, C 直列回路

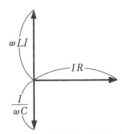

図7-7　R, L, C 直列回路の電圧ベクトル

7-4-4　共　振

R，L，C直列回路で$R = 0$の場合（図7-8）

$$\omega L = \frac{1}{\omega C}$$ ··· (7-30)

$$\omega = \frac{1}{\sqrt{LC}}$$ ·· (7-31)

とすると，インピーダンス$Z = 0$となる。

　$Z = 0$は電圧Vに対して電流Iが無限大になることを意味する。これを**共振**と呼ぶ。

　電流の周波数fおよび振動周期Tは，

$$f = \frac{\omega}{2\pi} = \frac{1}{2}\pi\sqrt{LC}$$ ··· (7-32)

$$T = \frac{2\pi}{\omega} = 2\pi\sqrt{LC}$$ ·· (7-33)

fを**共振周波数**と呼ぶ。

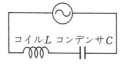

コイルL　コンデンサC

$$Z = \sqrt{0^2 \pm \left(\omega L - \frac{1}{\omega C}\right)^2}$$

図7-8　共振回路

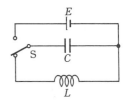

図7-9　振動回路

7-4-5　振動回路

　図7-9の回路で，スイッチSを電源側に倒し，コンデンサCを充電する。次にスイッチをコイル側に倒して放電させると，電流は図7-10(a)の矢印の方向に流れるが，コイルの自己誘導が電流の変化を妨げるので，電流はゆっくりと増加し，コンデンサの電荷が減少していく。

　電流が減少しはじめると，今度は電流の減少を妨げる誘導起電力が発生する。この誘導起電力によって，図7-10(c)のように(−)電荷がたまっていた電極に(＋)電荷がたまりはじめる。こうして**回路には方向の異なる電流が流れ続ける**。この現象を**電気振動**という。

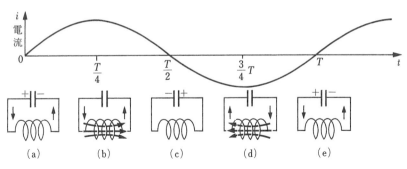

図 7-10 振動回路の電流と電気振動

a．振動回路の固有周波数〔f〕と固有周期〔T〕

振動回路のコンデンサ容量 C，コイルのインダクタンス L，電流 I とすると，

$$I = I_0 \cos\omega t \quad \cdots\cdots\cdots\cdots\cdots\cdots\cdots\cdots (7\text{-}34)$$

コンデンサの電圧 V_c，コイルの電圧 V_L とすると，

$$V_c = \frac{I_0}{\omega C}\sin\omega t \quad \cdots\cdots\cdots\cdots\cdots\cdots\cdots (7\text{-}35)$$

$$V_L = -\omega LIC\sin\omega t \quad \cdots\cdots\cdots\cdots\cdots\cdots (7\text{-}36)$$

$V_c + V_L = 0$　より

$$(\omega L - \frac{I}{\omega C})I_0\sin\omega t = 0 \quad \cdots\cdots\cdots\cdots\cdots (7\text{-}37)$$

$$\omega L = \frac{1}{\omega C} \quad \cdots\cdots\cdots\cdots\cdots\cdots\cdots\cdots (7\text{-}38)$$

$$\omega = \frac{1}{\sqrt{LC}} \quad \cdots\cdots\cdots\cdots\cdots\cdots\cdots\cdots (7\text{-}39)$$

$$f = \frac{\omega}{2\pi} = \frac{1}{2\pi\sqrt{LC}} \quad \cdots\cdots\cdots\cdots\cdots (7\text{-}40)$$

$$T = \frac{2\pi}{\omega} = 2\pi\sqrt{LC} \quad \cdots\cdots\cdots\cdots\cdots (7\text{-}41)$$

となる。

第8章 電 磁 波

8-1 電磁波

電場と磁場は密接な関係にある。電界の時間的変化，すなわち，電流は磁界をつくる。また磁界の時間的な変化は電界をつくる。こうして，**磁界の変化によって電界が発生し，電界の変化によって磁界が生じる**。この磁場と電場をまとめて**電磁場**と呼ぶ。

マクスウェル* は**電磁場が振動しながら波として真空中を伝わる**ことを発見した。この波を**電磁波**という。

表8-1 電磁波の種類

波　　長	周波数	名　称　・　利　用		
∞〜10〔km〕	0〜30〔kHz〕	VLF (極長波)		
10〔km〕〜1〔km〕	30〔kHz〕〜300〔kHz〕	LF　（長波）〔船舶〕		
1〔km〕〜100〔m〕	300〔kHz〕〜3〔MHz〕	MF　（中波）〔国内ラジオ放送，ADF〕		
100〔m〕〜10〔m〕	3〔MHz〕〜30〔MHz〕	HF　（短波）〔遠距離ラジオ放送，航空機用通信〕	電波	
10〔m〕〜1〔m〕	30〔MHz〕〜300〔MHz〕	VHF (超短波)〔FM,テレビ放送(航空機用通信)〕		
1〔m〕〜10〔cm〕	300〔MHz〕〜3〔GHz〕	UHF (極超短波)		テレビ放送，レーダ，
10〔cm〕〜1〔cm〕	3〔GHz〕〜30〔GHz〕	SHF （センチ波）	マイクロ波	
1〔cm〕〜1〔mm〕	3×10^{10}〔Hz〕〜3×10^{11}〔Hz〕	EHF （ミリ波）		電話中継
1〔mm〕〜7,800〔Å〕	3×10^{11}〔Hz〕〜3.8×10^{14}〔Hz〕	赤外線〔赤外線写真〕		
7,800〔Å〕〜3,800〔Å〕	(3.8〜8.0)$\times10^{14}$〔Hz〕	可視光線〔光学器械〕		
3,800〔Å〕〜100〔Å〕	8×10^{14}〔Hz〕〜3×10^{16}〔Hz〕	紫外線〔殺菌，医療〕		
100〔Å〕〜0.01〔Å〕	3×10^{16}〔Hz〕〜3×10^{20}〔Hz〕	X線〔X線写真〕		
1〔Å〕以下	3×10^{18}〔Hz〕以上	γ線〔材料検査，医療〕		

* James Clerk Macwell（1831〜1879，イギリスの物理学者）

8-2　電磁波の種類

電磁波の真空中での速さは光速 3×10^3 〔W/s〕である。電磁波は波長の違いによって**表 8-1** のように分類される。通信に使われる波長 10^{-4} 〔m〕以上の電磁波を電波という。波長 λ, 速さ c, 周波数 f のとき，

$$\lambda = \frac{c}{f}$$

の関係がある。

8-3　電磁波の伝わり方

図 8-1 のように，x，y，z 軸に対して，電界は y 成分，磁界は z 成分であり，電界成分を磁界成分に重ねるように右ねじに回すと，その右ねじの進む方向に電磁波は進行する。電磁波は横波である。

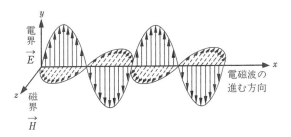

図 8-1　電磁波の伝わり方

電波を金属板に当てると反射する。このとき入射角と反射角は等しい。また電波をパラフィンの面に斜めに入射させると，パラフィンを通過するとき屈折し，進行方向が変わる。これはパラフィン中を伝わる電波の速度が遅いために起こる現象である。

問　題

1．$1×10^{-8}$〔C〕と$-2×10^{-8}$〔C〕の電荷をもった金属球を真空中で0.5〔m〕
離して置いたとき，金属球に働く力を求めよ。

2．電界の向き，強さが等しいとき，0.5〔m〕離れたA点とB点の間の電圧が
200〔V〕のとき電界の強さを求めよ。また$+1$〔C〕の電荷をBからAまで
運ぶのに要する仕事は何ジュールか。

3．容量が1〔μF〕，2〔μF〕，3〔μF〕の3個のコンデンサを直列にして100〔V〕
の電源に接続したとき，それぞれのコンデンサの電圧を求めよ。並列につな
いで，$6×10^{-4}$〔C〕の電気量を蓄えたとき，それぞれのコンデンサの電気量
を求めよ。

4．C_1, C_2, C_3の3個のコンデンサを図のよう
に連結し，電池Vを接続したとき，それぞれ
のコンデンサにQ_1, Q_2, Q_3の電荷が蓄えら
れた。C_1の電気量Q_1をC_1, C_2, C_3，およ
びVで表せ。

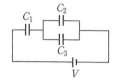

5．6〔V〕の電池に抵抗Rを接続すると200〔mA〕の電流が流れた。抵抗R
は何〔Ω〕か。

6．R_1($2\,\Omega$), R_2($3\,\Omega$), R_3($4\,\Omega$)を図のよう
に接続し，R_2に2〔A〕の電流が流れた。電
池の電圧は何〔V〕か，R_1, R_3の電流I_1, I_2
を求めよ。

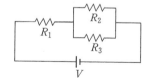

7．図の回路の電池は起電力18〔V〕，内部抵抗
1〔Ω〕である。電流計および電圧計の指示は
いくつか，R_2およびR_3を流れる電流は何
〔A〕か。

R_1：3〔Ω〕　　　R_2：3〔Ω〕　　　R_3：6〔Ω〕

8．2本の電線が10〔cm〕の間隔で平行に直線状に張ってある。一方の電線に
直流4〔A〕，他方の電線に直流8〔A〕の電流が同じ向きに流れるとき，電
線の中間点の磁界の強さと向きを求めよ。また，電流がおのおの逆方向に流
れるとき，中間点の磁界の強さと向きを求めよ。

第Ⅱ部　航空機電気システム

第9章　電源システム

　航空機の電源はエンジンに取り付けられている発電機から供給される。一般的に，小型機は直流発電機（28 Vdc）を，大型機は交流発電機（400 Hz 115〜208 V ac）を装備している。

9-1　直流発電機

9-1-1　発電機の基本

　磁石による磁界の中のコイルを回転すると，図9-1のような交流電圧が発生する。コイルに発生した交流電圧は，コミュテータ（整流子）によって図9-2のような波形の電圧として取り出すことができる。このパルス電圧を滑らかな直流にするために回転角度をずらしたコイルとコミュテータのセグメントを設けることによって，図9-3のような直流に近い電圧となる。

　コイルをアマチュア（電機子）と呼び，磁界をつくる磁石をフィールド（界磁）と呼ぶ。アマチュアから電気を取り出す部分をコミュテータ（整流子）と呼ぶ。

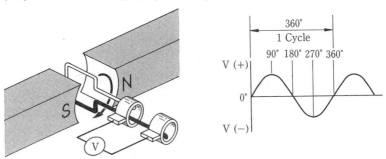

図9-1　磁界の中のコイルに発生する電圧

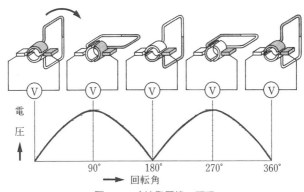

図9-2　直流発電機の原理

 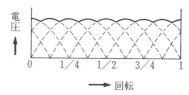

図9-3　回転角度をずらしたコイルと電圧

9-1-2　発電機の起電力

　発電機の起電力 E〔V〕は，フィールドの磁束 ϕ〔Wb〕とフィールドの中で回転するアマチュアの回転速度 N〔rpm〕によってきまる。フィールドの極数が P のとき，次の式で表される。

$$E = \frac{1}{120}P\phi N \ \text{〔V〕}$$

9-1-3　フィールド・コイル

　発電機が発電するためにはフィールドが必要である。

　自励式直流発電機の場合は，フィールド・コア（鉄芯）の残留磁気によって微弱な電流が発生し，その電流によってフィールドが励磁され，やがて正常に発電するようになる。

　フィールド・コアの残留磁気が非常に少なくなって発電しなくなった場合は，外部から直流電圧をフィールド・コイルに与えて残留磁気を強くする。これをフラッシングと呼ぶ。

　図9-4は発電機のフィールドとアマチュアの構造を示す。4極のフィールドを形成するフィールド・コイルは直列になっている。アマチュアに発生する交流電圧は4個のブラッシによって直流電圧として取り出すことができる。アマチュアに交流電圧が発生し電流が流れるとフラックスが発生する。このフラックス（磁束）により，フィールドの磁界が乱され，アマチュアに発生する電圧が「0〔V〕」になる点がずれるために，コミュテータとブラッシ間にアーク放電が発生する。この現象をアマチュア・リアクションと呼ぶ。アマチュア・リアクションを防止するために，

①　ブラッシの位置を回転方向にずらす方法

②　フィールドの電極の間に「インター・ポール」を設ける方法

がある。

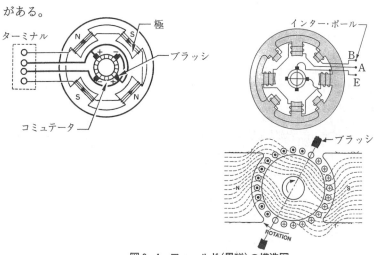

図9-4　フィールド(界磁)の構造図

9-1-4　発電機の型式

　図9-5は，航空機の電源に使用される自励式分巻直流発電機の回路図である。自励式分巻発電機は，アマチュアとフィールド・コイルが並列に接続されている。これをシャント・フィールド（Shunt Field）と呼ぶ。アマチュアからの電流の一部は，シャント・フィールド・コイルを流れて自らのフィールドを励磁する。図9-6は，実際の航空機用直流発電機のカット図である。

　発電機はフィールド（界磁）の方式によって，次のような型式がある。

(1)　他励発電機：他の電源からの電力によってフィールドを励磁する。

(2)　自励発電機：自ら発電した電力によってフィールドを励磁する。

　発電機は，アマチュアとフィールド・コイルの接続の方法により，さらに①直巻式，②分巻式，③複巻式に分類される。

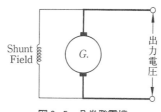

図9-5　分巻発電機

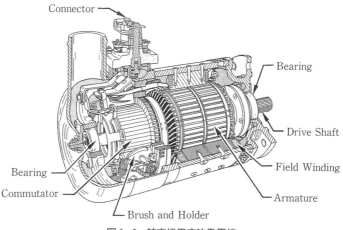

図9-6　航空機用直流発電機

9-2　電圧調整器

　直流分巻発電機の場合は，電圧を一定に保つために，フィールド電流を調整する。図9-7のように，可変抵抗器をフィールド・コイルと直列にして発電機の出力電圧を調整する。

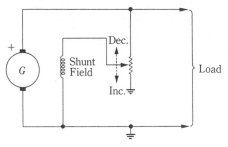

図9-7　分巻発電機の電圧調整

9-2-1　バイブレーション・コンタクト式電圧調整器

　図9-8は，小型機の直流発電機の電圧調整器（Vibrating Contact Regulator）の回路図である。この電圧調整器には，電圧調整ユニット（Voltage Regulator）と電流調整ユニット（Current Regulator）がある。

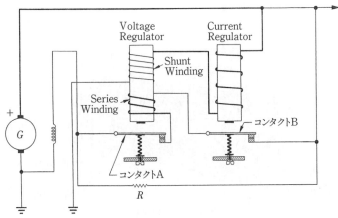

図9-8　バイブレーション・コンタクト式電圧調整器

　電圧調整ユニットは，一つのコアにシャント・コイルとシリーズ・コイルが
あり，発電機の電圧が高くなるとコンタクト A を「OFF」にするので，フィー
ルド電流が減少し，電圧も低くなる。発電機の電圧が低くなるとシャント・コ
イルの電流が少なくなり，コンタクト A は「ON」となり，フィールド電流が増
加し，発電機の電圧が上昇する。コンタクト A は，このように「ON」「OFF」
を繰り返して発電機の電圧を一定に保つ，通常，コンタクト A は毎秒 50〜200
回「ON」「OFF」を繰り返している。

　発電機の負荷が大きくなり過ぎて発電機の電圧が低下した場合は，シャン
ト・コイルのコンタクト A は「OFF」にならないので，発電機のフィールドに
過大な電流が流れることになる。この場合は電流調整ユニットが作動してコン
タクト B を「OFF」にし，発電機のフィールド・コイルを保護する。

9-2-2　カーボン・パイル式電圧調整器

　図 9-9 はカーボン・パイル式電圧調整器の原理図である。カーボンの接触圧
力によって抵抗値が変化する性質を利用し，カーボンをワッシャ状にして積み

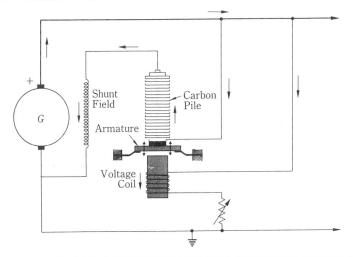

発電機の電圧、	**voltage coil** の電流、	**carbon pile** の抵抗、	**field** 電流、	発電機の電圧
高くなると	多くなる	大きくなる	少なくなる	低くなる
低くなると	少なくなる	小さくなる	多くなる	高くなる

図 9-9　カーボン・パイル式電圧調整器

重ね，スプリングで圧着したものを発電機のフィールド・コイルに直列にして
おく。発電機の出力電圧が上昇すると，電圧コイルの電流がコアを励磁し，カー
ボン・パイルのスプリングを弱めるので，カーボン・パイルの抵抗値が大きく
なり発電機のフィールド電流が減少し，電圧が低下する。発電機の電圧が低下
すると電圧コイルの電流が減少し，コアの磁力が弱くなるのでカーボン・パイ
ルのスプリングが強くなり，カーボン・パイルの圧着力が大きくなる。従って，
抵抗が小さくなりフィールド電流が増加する。

9-2-3　直流発電機の並列運転と負荷の分担

多発機の直流発電機を並列運転する場合は，発電機の負荷を均等に分配しな
ければならない。

図9-10 は並列運転中の直流発電機の負荷調整回路の説明図である。

コイル（C_e）は電圧調整器の電圧コイルと同じコアにコイルを追加したもの
であり，イコライザ・コイルと呼ぶ。発電機の（＋）端子は Busbar で接続され
ており，（−）端子はイコライザ・コイルを通して連結されている。従って，イ
コライザ・コイルは直列に接続されている。抵抗 R_1，R_2 は発電機のインター・
ポール・コイルである。発電機の負荷が均等にバランスしているときは，R_1，

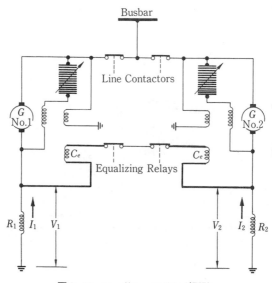

図9-10　ロードシェアリング回路

R_2による電圧降下は同じ値であり，

$$V_1 = I_1 R_1 \qquad V_2 = I_2 R_2 \qquad \text{であるから，}$$

$$I_1 R_1 = I_2 R_2 \qquad V_1 = V_2$$

のとき，発電機のアマチュア（−）端子の電位は同じであり，イコライザ・コイルには電流は流れない。

もし No.1 発電機の負荷が大きくなると，

$$I_1 > I_2$$

となるから，

$$V_1 = R_1 I_1 > V_2 = R_2 I_2$$

となり，電位差の分だけイコライザ電流（I_e）が流れるので，電圧調整器はNo.1発電機の電圧を下げ，No.2発電機の電圧を上げる。

9-2-4 風力発電機（Air-driven Generator）

エンジン駆動発電機システムがすべて故障した場合のエマージェンシ電源として，風力発電機を装備する場合がある。通常は機体内に格納されているが，エマージェンシ操作で機外に出されると2枚のプロペラで発電機が回転する。機速が 120〜130〔kt〕のとき，発電機は 12,000〔rev/min〕で回転し発電する。

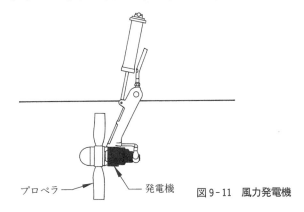

プロペラ　　　発電機　　　図 9-11　風力発電機

9-3　電　池

　航空機の電源システムには，発電機が故障した場合に備えて，緊急の対応ができるよう鉛二次電池，またはニッケル・カドミウム（Ni-Cd）二次電池が使用されている。

　（注）　一次電池：セルの中の化学反応が一方向にのみ進むタイプであり，充電ができない。

　　　　　二次電池：化学反応が逆方向にも可能であり，充電ができる。

9-3-1　鉛二次電池

　図9-11 は，鉛二次電池の基本構成を示す図である。

　（＋）極は過酸化鉛（PbO_2），（－）極は鉛（Pb），電解液は希硫酸（H_2SO_4）である。充電，放電の化学式は，次式となる。

$$\overset{(-)}{Pb} + 2\overset{(+)}{H_2SO_4} + \overset{(+)}{PbO_2} \underset{充電}{\overset{放電(-)}{\rightleftarrows}} \overset{(-)}{PbSO_4} + 2H_2O + \overset{(+)}{PbSO_4}$$

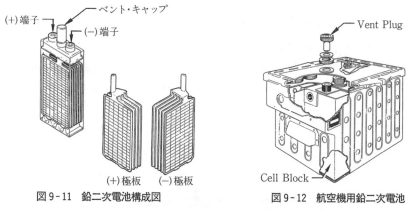

図9-11　鉛二次電池構成図

図9-12　航空機用鉛二次電池

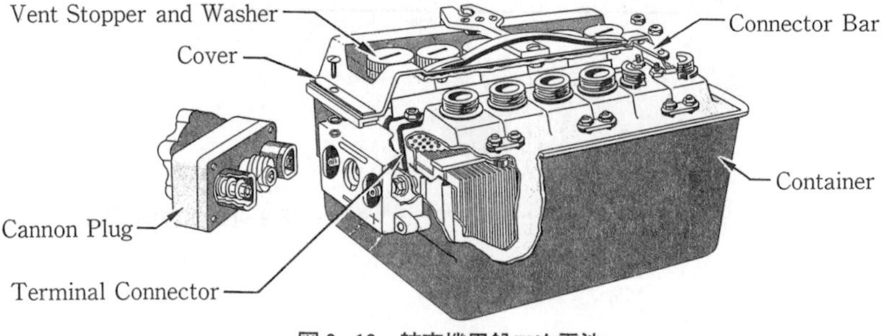

図9-13　航空機用鉛二次電池

　上式で分かるように，放電すると H_2O が発生するので，電解液が薄められて比重が小さくなる。充電すると逆に比重が大きくなる。通常，**比重は 1.25〜1.27** である。**鉛電池の 1 セルの電圧は 2.0〔V〕**であり，航空機には 12 個のセルを直列に接続した 24〔V〕の電池が使用されている。

　航空機用の鉛二次電池には，電解液が液状になっているタイプ（図 9-12）と，電解液がセパレータやプレートに吸収されているタイプ（図 9-13）とがある。

9-3-2　ニッケル・カドミウム二次電池

　Ni-Cd 二次電池は（＋）極が水酸化ニッケル（$Ni(OH)_3$），（−）極がカドミウム（Cd），電解液が水酸化カリウム水溶液（KOH）（比重 1.24〜1.30）で構成される。1 セルの電圧は 1.2〔V〕である。

　鉛電池に比べて，エンジン・スタート時の高電流負荷に対して安定した性能を持っている。

$$\overset{\text{(+極)}}{2Ni(OH)_3} + \overset{\text{(−極)}}{Cd} \underset{\text{充電}}{\overset{\text{放電}}{\rightleftarrows}} \overset{\text{(+極)}}{2Ni(OH)_2} + \overset{\text{(−極)}}{Cd(OH)_2}$$

　充電を開始すると（−）極は酸素 O_2 を放出し，金属カドミウム（Cd）になる。（＋）極は水酸化第二ニッケルに変わる。充電が終了すると水が電解されて（−）極から酸素ガス，（＋）極から水素ガスが発生する。

　放電のときは，（−）極が酸素 O_2 と化合し，（＋）極は酸素 O_2 を放出する。通常の充・放電では，ガスは外部には放出されない。**電解液は化学反応には直接関与せず電流の流れを助ける働きをするだけである。**

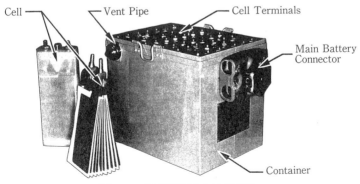

Cell　Vent Pipe　Cell Terminals　Main Battery Connector　Container

図 9-14　航空機用 Ni-Cd 二次電池

9-3-3　電池の容量

　バッテリの容量は化学反応する物質の量で決まるが，通常は一定の電流で放電を開始して放電終止電圧に達するまでの時間と放電電流の積（Ampere -Hours）および**最大電流で規格表示**をする。1時間で放電終止電圧に達する放電電流値を1時間率の電流といい，5時間で放電終止電圧に達する放電電流を5時間率の電流と呼ぶ。**図9-15**は，鉛電池とNi-Cd電池の放電特性を示す。鉛電池は放電電流が大きくなると放電終止電圧に達する時間が急速に短くなるが，Ni-Cd電池は放電電流が大きくなっても，放電終止電圧に達するまでの時間が長い。

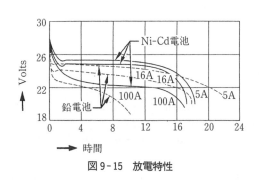

図9-15　放電特性

9-3-4　電池の充電

　電池の充電の方法は，充電電圧を一定に保つ定電圧充電法と充電電流を一定にする定電流充電法がある。前者は鉛電池，後者はNi-Cd電池の充電に多く用いられる。

　鉛電池の充電が終了した状態は，次のようになる。

(1)　ターミナル電圧が最大値になり変動しない。

(2)　電解液の比重が1.27を示し安定している。

(3)　電極からガスが発生する。

　Ni-Cd電池の場合，電解液の比重や，端子電圧を測定して充電の状態を知ることはできない。

9-3-5　熱暴走（Thermal Runway）

電池の容量は温度によって変化する。従って，充電中は充電電流とセルの温度を，よく注意して規格値内に保たなければならない。もし規格値を超えると**熱暴走**が発生する。

熱暴走は，異常にガスが発生し，電解液が沸騰し，ついには電極やバッテリ・ケースが溶解する。

電池は熱容量が小さいので温度が上昇しやすく，内部抵抗が小さくなり，定電圧充電状態のときは充電電流が増加し，熱暴走へと進展する。

航空機では，Ni-Cd電池の熱暴走を防ぐために，電池に温度センサを取り付けてあり，電池が高温になると充電回路を遮断するシステムを持っている。

9-3-6　バッテリ・システム

(1)　小型機のバッテリ・システム

図9-16は小型機のバッテリ・システムである。24〔V〕の電池が4個並列に接続し，バッテリ母線（Battery Busbar）に直結している。

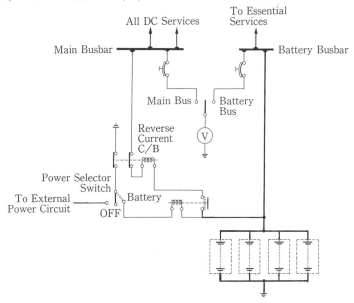

図9-16　小型機のバッテリ・システム

　通常は，バッテリ・リレー，逆流サーキット・ブレーカ（Reverse Current Circuit Breaker）を介して主母線（Main Busbar）に接続され，発電機からの電圧で充電状態になっている。

　発電機が故障したときは，無線機，火災警報装置，消火システム，コンパス・システムに電力を供給する。

(2)　大型機のバッテリ・システム

　図9-17は大型機のバッテリ・システムである。通常は交流発電機からの電力でバッテリ・チャージャにより充電されている。発電機が故障したときは，電池からエマージェンシ・システムに電力を供給する。

　Ni-Cd電池の熱暴走を防ぐ，システムを備えている。

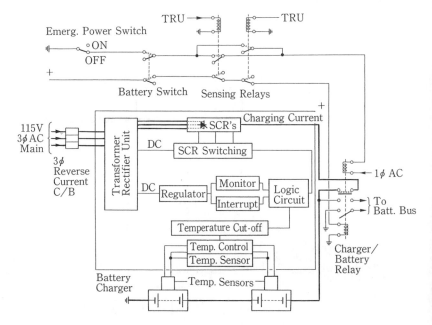

図9-17　大型機のバッテリ・システム

9-4 交流発電機

9-4-1 交 流

　交流発電機の電圧は，図9-18のように0→（＋）最大値→0→（－）最大値→0と変化する。この一周をサイクルと呼ぶ。1秒間のサイクル数を，周波数（Frequency：f）と呼び，周波数の単位はヘルツ〔Hz〕で表す。

　交流発電機が発電する交流電圧の周波数は次の式で表される。

$$周波数(f) = \frac{\text{rpm} \times 極数}{120}$$

例えば，極数：6，回転数：8,000 rpm の場合の周波数は，

$$周波数 = \frac{8,000 \times 6}{120} = 400\text{cps}〔\text{Hz}〕$$

となる。

　航空機の交流発電機システムの周波数は 400〔Hz〕が標準になっている。

　電圧（V），電流（I）は

$$V = V_m \sin\theta \qquad I = I_m \sin\theta$$

と表す。

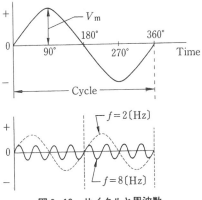

図9-18　サイクルと周波数

9-4-2　三相交流

　1個のコイル内で磁界を回転させると単相交流が発生する。通常は，120°
ずつずらした3個のコイル内で磁界を回転させる三相交流発電機（図9-19）
が使われる。

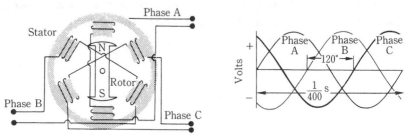

図9-19　三相交流システム

　三相交流発電機は，図9-20のようにスター結線方式とデルタ結線方式がある。

a．スター結線

　図9-20(a)の結線がスター結線である。

　各相の1線を結合し，この線をニュートラル・ポイントと呼ぶ。各相（A，
B，C）はそれぞれ独立した負荷に接続される。

　相電圧（E_{ph}）と線間電圧（E_L）の関係は，次のようになる。

$$E_L = \sqrt{3}\,E_{ph}$$
$$E_{ph} = 120 〔V〕のとき$$
$$E_L = 120 \times \sqrt{3} = 120 \times 1.732 = 208 〔V〕$$

b．デルタ結線

　図9-20(b)のような結線をデルタ結線と呼ぶ。

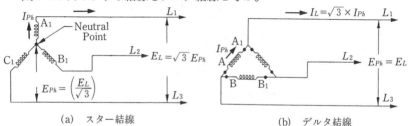

(a)　スター結線　　　　　　　　(b)　デルタ結線

図9-20　三相交流結線方式

線間電圧と相電圧は，等しく，

$$E_L = E_{ph}$$

であるが，線電流（I_L）と発電機の相電流（I_{ph}）の関係は，

$$I_L = \sqrt{3}\, I_{ph}$$

となる。

9-4-3　交流発電機の定格

交流発電機の容量は通常，電圧と電流の積 Kilovolt-Amperes〔kVA〕で表す。発電機の負荷にインダクタンスやキャパシタンスがある場合は，図9-21 のように電圧と電流に位相差が生じる。したがって，kVA と kW の関係は PF（Power Factor：力率ともいう）で表示される。

$$PF = \frac{\text{Effective Power 〔kW〕}}{\text{Apparent Power 〔kVA〕}}$$

例えば，負荷が純抵抗の場合は，電圧と電流の位相差は発生しないので，Power Factor は100％であり，

$$100\ \text{kVA} = 100\ \text{kW}$$

となる。電力（kVA）と kW（有効電力）および kVAR（無効電力）の関係は図9-22 のようになる。

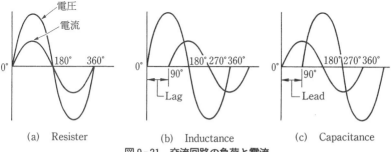

| (a)　Resister | (b)　Inductance | (c)　Capacitance |

図9-21　**交流回路の負荷と電流**

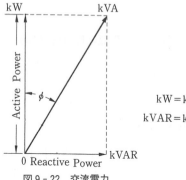

$$kW = kVA \cos\phi：有効電力$$
$$kVAR = kVA \sin\phi：無効電力$$

図9-22 交流電力

9-5 変動周波数型交流発電機

防氷システムのような負荷が抵抗のみの場合は，変動周波数型交流発電機が使用される。これはエンジンの回転数の変動につれて発電機の回転数も変動し，周波数が変動する発電機である。**図9-23**はターボプロップ機に使用されている変動周波数型発電機で，定格22〔kVA〕，208〔V〕，280〜400〔Hz〕であり，280〔Hz〕以下になると，界磁電流が小さくなり，出力も低下する。

発電機のロータは6極のフィールドを構成し，スリップリングとブラッシによって直流電源に接続している。ステータはスター結線になっていて，ニュー

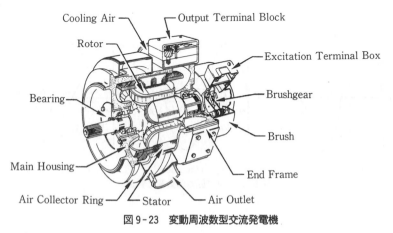

図9-23 変動周波数型交流発電機

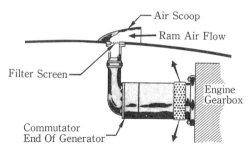

9-24 冷却空気システム

トラル・ポイントは発電機ケースにグランドされている。

　発電機はラム・エアで冷却される。ラム・エアはスリップリング側から入り，ドライブ・エンドのスロットから排出される（**図**9-24 参照）。

　小型機の変動周波数型発電機の駆動は，自動車と同じベルトドライブ方式であり，エンジンのアイドル速度で100〔Hz〕，高速時は120〔Hz〕となる。出力は整流器で直流に変流して使用される。

9-5-1　フィールド励磁システム

　図9-25 は大型ターボプロップ機の変動周波数型交流発電機のフィールド・システム回路図である。

　スタート・スイッチを「ON」にすると28V DC母線からの直流によって

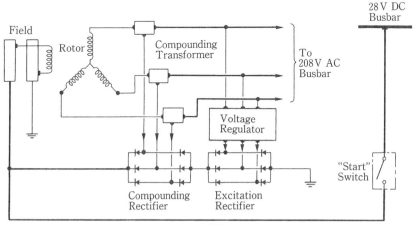

図9-25　三相交流発電機の励磁システム

フィールドが励磁され、発電機が発電を始めると、以降は、発電機の電力で変圧器（Compounding Transformer）と電圧調整器（Voltage Regulator）からの電流によって発電を続ける。

9-5-2 マグネチック・アンプ型電圧調整器

図9-26はターボプロップ機の変動周波数型発電機のマグネチック・アンプ型電圧調整回路ブロック・ダイヤグラムである。マグネチック・アンプ（Magnetic Amplifier：マグアンプ）と整流器（Excitation Rectifier）のネットワークからの電流がフィールドを励磁し電圧調整を行う。発電機の負荷による電圧低下の補正は三相変圧器からの電圧をエラー感知マグアンプで感知し、マグアンプに信号を送って発電機の電圧調整を行う。

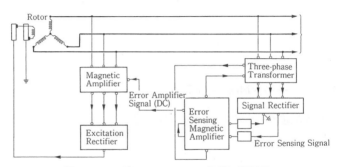

図9-26 マグネチック・アンプ型電圧調整器

9-5-3 トランジスタ型電圧調整器

図9-27はトランジスタ型電圧調整器の一例である。

$TR1$, $TR2$, $TR3$はN—P—Nトランジスタである。コントロール・スイッチを「ON」にすると、バッテリ電源の電圧は$TR2$を「ON」にし$TR2$のエミッタ電流は$TR3$を「ON」にする。従って、発電機のフィールド電流が流れて発電機が発電を開始する。R_2, R_1, RV_1のネットワークはゼナー・ダイオード（Z）とともにシステム電圧を設定する。発電機の電圧が上昇するとゼナー・ダイオードが働き、$TR1$を「ON」にする。すると$TR2$が「OFF」になり、続いて$TR3$が「OFF」になる。従って、フィールド電流が「Cut-off」される。発電機の電圧が低くなるとゼナー・ダイオードが「OFF」になり、再び$TR1$が「OFF」になり発電機のフィールド電流が流れる。

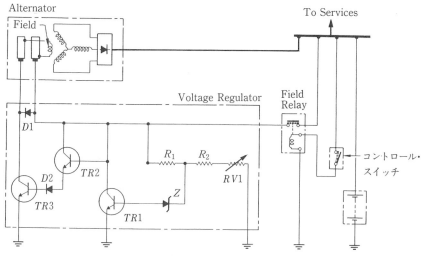

Alternator
Field
To Services
Voltage Regulator
Field Relay
$D1$
$TR2$
$D2$
$TR3$
$TR1$
R_1 R_2
$RV1$
Z
コントロール・
スイッチ

図9-27 トランジスタ型電圧調整器

9-6 固定周波数型交流発電機

　大型ジェット機には固定周波数型交流発電機が用いられる。エンジンのギア
ボックスと発電機の間に CSD があり，エンジンの回転数が変化しても発電機
の回転は一定に保たれる。

　図9-28 は CSD の原理図である。

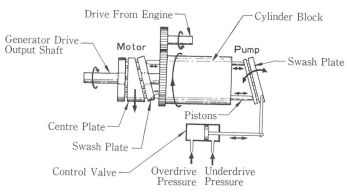

Drive From Engine
Cylinder Block
Generator Drive
Output Shaft
Motor
Pump
Swash Plate
Centre Plate
Pistons
Swash Plate
Control Valve
Overdrive
Pressure
Underdrive
Pressure

図9-28 CSD 原理図

9-6-1 CSD (Constant Speed Drive Unit)

エンジンの回転数が変化すると CSD のガバナが感知し，ハイドロポンプの油圧でスワッシュ・プレート（Swash Plate）の角度を変える。すると，発電機側のハイドロモータのピストンのストロークが変化し，シリンダ・ブロックを回転させ，モータ・ピストンへの油圧が変化する。

エンジンの回転数が発電機の要求する回転数と合致しているときは，ハイドロモータはシリンダ・ブロックとロックした状態になり一緒に回転する。

CSD のエンジン駆動ギアの回転数が 3,800〜8,700〔rpm〕のとき，ゼネレータ・ギアの回転数は 8,000〔rpm〕になる。

9-6-2 ブラッシュレス発電機

発電機のブラッシは高高度で異常摩耗を生じやすい。従って，高高度を飛行する大型旅客機ではブラッシュレス発電機が使用されている。

図9-29 はジェット旅客機に装備されているブラッシュレス発電機の構造図である。ブラッシュレス発電機は2台の発電機を同一のシャフトに取り付けた形になっていて，一方の発電機を励磁器（AC Exciter）と呼び，他方を主発電機と呼ぶ。励磁器の構造は，フィールドがステータになっていて，励磁器のロータに発生する交流電圧をシャフトの中に組み込まれたシリコン整流器で整流し，主発電機のフィールドに送り，主発電機のフィールドを励磁する。主発電機の構造は，ロータが回転フィールド（Rotating Field）となり，ステータに三相交流電圧を発生する。

励磁器のステータには永久磁石が組み込まれていて，始動時にはこの永久磁石の磁界でロータの三相巻線に交流電流が発生し，整流器（Rotating Rectifier）で整流されて，発電機のフィールド巻線を励磁する。フィールドは8極の回転フィールド（Rotating Field）である。発電機のステータは三相スター結線になっている。

冷却空気は発電機のエンドベル部から入り，ステータ巻線の間を通ってロータ・シャフトに沿って流れ，整流器を冷却し，発電機部のスクリーンから排出される。

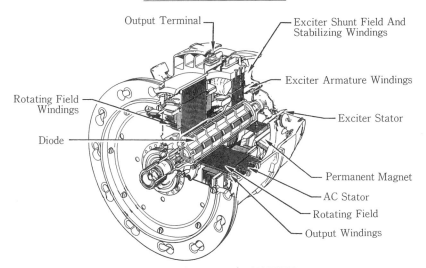

図 9-29　ブラッシュレス交流発電機

　図 9-30 はブラッシュレス発電機の回路図である。6 個の永久磁石によって AC 励磁器が発電を始めると，その電流がメーン・ゼネレータ（Main Generator）のフィールドに流れ，メーン・ゼネレータが発電を始める。メーン・ゼネレータの出力の一部が AC 励磁器のフィールド電流となり，次第に電圧が上昇し，正常な発電が行われるようになる。

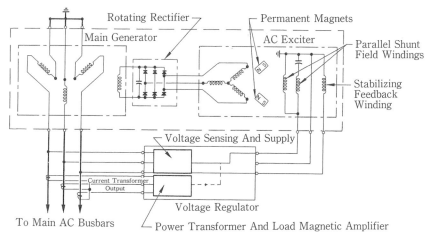

図 9-30　ブラッシュレス交流発電機

9-6-3　IDG（Integrated Drive Generator）

ブラッシュレス発電機とCSDを合体させたものがIDGである。

IDGの特長は，発電機とCSDがコンパクトにまとめられていることと，冷却が空冷ではなく，CSDのオイルで冷却されるので容量が大きい点である。

図9-31は，B767のIDGの分解図である。

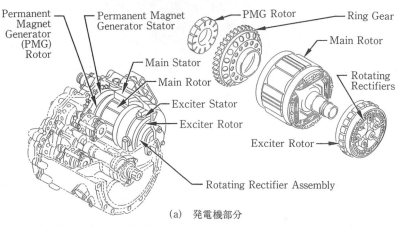

Permanent Magnet Generator (PMG) Rotor

Permanent Magnet Generator Stator

PMG Rotor — Ring Gear

Main Rotor

Main Stator

Main Rotor

Rotating Rectifiers

Exciter Stator

Exciter Rotor

Exciter Rotor

Rotating Rectifier Assembly

(a)　発電機部分

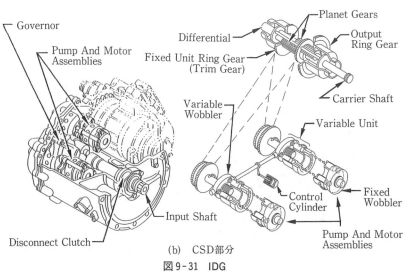

Governor

Pump And Motor Assemblies

Planet Gears

Differential

Output Ring Gear

Fixed Unit Ring Gear (Trim Gear)

Carrier Shaft

Variable Wobbler

Variable Unit

Control Cylinder

Fixed Wobbler

Input Shaft

Pump And Motor Assemblies

Disconnect Clutch

(b)　CSD部分

図9-31　IDG

9-6-4 CSDディスコネクト・メカニズム (図9-32)

　CSDの故障が発生した場合，操縦席のスイッチでCSDディスコネクト・メカニズム (Disconnect Mechanism) のソレノイドが働き，CSDがエンジン・ギアボックスから切り離される。一度ディスコネクトすると，空中ではリセットできない。

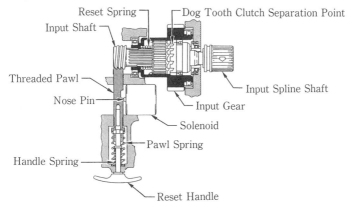

図9-32　CSDディスコネクト・メカニズム

9-6-5　固定周波数型交流発電機の電圧調整

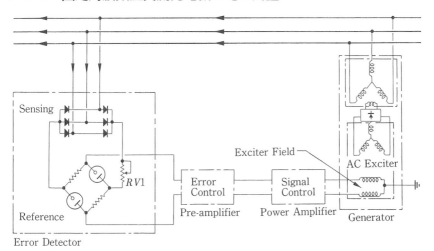

図9-33　ブラッシュレス交流発電機の励磁システム

　図9-33は固定周波数システムの電圧調整回路である。エラー・ディテクタ
(Error Detector)，プリアンプ，パワー・アンプで構成される。エラー・ディ
テクタ・リファレンス・ブリッジのガス・レギュレータ真空管は，電流が変化
しても一定の電圧降下を保つ特性がある。一方，R_1，R_2の電圧降下は発電機の
出力電圧で変動するので，ブリッジで修正された電流がプリアンプ，パワー・
アンプを経て発電機のフィールドを励磁する。

9-6-6　並列運転

　固定周波数型発電機システムは並列運転を行う設計になっている。交流シス
テムの並列運転は，リアル・ロード（kW）とリアクティブ・ロード（kVAR）
の二つのパラメータのコントロールが必要である。
　リアル・ロードは実効荷重（Kilowatts Load）であり，〔kW〕で表示され
る。リアクティブ・ロードは無効負荷(Wattless Load)と呼ばれ，インダクティ
ブ，またはキャパシティブ電流による負荷であり，〔kVAR〕で表示される。

a. リアル・ロードシェアリング（実効負荷の配分）

　交流発電機は同期機であり，並列運転中の交流発電機は周波数で互いにロッ
クされた状態になっている。そして，システム全体の周波数は，最も周波数の
高い発電機に同期している。このことは，周波数の高い発電機が全負荷を受け
持っており，なおかつ他の周波数の低い発電機をモータとして回転しているこ
とになる。

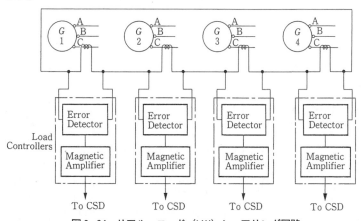

図9-34　リアル・ロード（kW）シェアリング回路

　図 9-34 は 4 発ジェット機のリアル・ロードシェアリング回路図である。各発電機の C 相の CT（Current Transformer）は直列に接続し，ロードシェアリング・ループ（Loadsharing Loop）を構成している。また CT と並列にロード・コントローラ（Load Controller）が接続してある。ロード・コントローラの信号はマグアンプで増幅されて CSD のガバナへ送られ，CSD の回転数を調整し，並列運転している交流発電機の実効負荷（Real Load）を均等にする。

b. リアクティブ・ロードシェアリング（無効負荷の配分）

　並列運転中の発電機のリアクティブ・ロードシェアリングは，各発電機の出力電圧によって決まる。

　もし並列運転中の発電機の中の 1 台の発電機の電圧調整器が他の発電機よりも少し高めにセットされていた場合，この電圧調整器は「Under-Voltage」を感知し，電圧を上げようとしてフィールド電流を増加する。この結果，ますますこの発電機のリアクティブ・ロードは増加し，他の発電機のリアクティブ・ロードを軽減するので，リアクティブ・ロードのアンバランスが発生する。これを防止するために，図 9-35 のリアクティブ・ロードシェアリング回路が必要になる。

　リアル・ロードシェアリング回路とリアクティブ・ロードシェアリング回路の違いは，前者が CT とエラー・ディテクタが直結しているのに対し，後者は変圧器を介して CT の信号をエラー・ディテクタに送っている点である。従って，CT の信号よりも 90°遅れてフィールド電流が増加する。これはリアクティブ・ロードを吸収することになる。

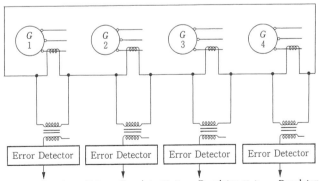

図 9-35　リアクティブ・ロード（kVAR）シェアリング回路

9-7　直流・交流変換システム

　航空機で必要な電源は，DC 28 V，AC 28 V と AC 115 V の3種類である。

　これらの電源を備えるために発電機の出力を，整流器やインバータで AC／DC 変換する。

9-7-1　整流器

　交流（AC）を直流（DC）に変換する最も一般的な方法は整流器である。

a．セレン整流器

　図 9-36 はセレン整流器の断面図である。アルミ板の上にセレニウムを張り合わせたものである。

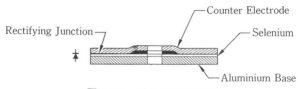

図 9-36　セレン整流器断面図

b．シリコン整流器

　シリコン整流器は，セレン整流器に比べて小型である。図 9-37 はブラッシュレス発電機のロータ・シャフトに組み込まれている整流器の断面図である。

　整流器の使用限界は最大温度と最大電圧によって決定する。セレン整流器の最大温度は 70℃，ゲルマニウム整流器の最大温度は 50℃，シリコン整流器の最大温度は 150℃である。最大電圧は，逆方向の電流が流れない限界の電圧である。最大電圧を超えると急激に逆電流が増大する。この電圧をゼナー電圧（Zener Voltage）という。ゼナー・ダイオード（Zener Diode）はこの特性を利用したものである。

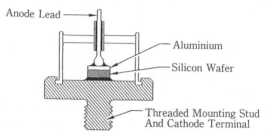

図 9-37　シリコン整流器断面図

c. SCR（Silicon Controlled Rectifier）（図9-38）

SCR（サイリスタ：Thyristor）は，シリコン・ダイオードを発展させた半導体スイッチである。

図9-38(a)はSCRの外観図である。図9-38(b)は半導体の構成を示す，図9-38(c)はSCRを使ったスイッチング回路の例である。

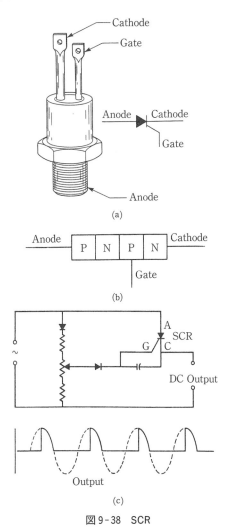

(a)

(b)

(c)

図9-38　SCR

　P型半導体とN型半導体をPNPNの4層構造にし，アノード（A），カソード（K），ゲート（G）の三つの電極を持っている。SCRは逆方向電圧に対しては電流を流さない。順方向電圧に対しても，一定の電圧に達するまでは電流を流さない。このブレークオーバ（Breakover）電圧はゲート（G）に小さな信号を与えることにより変化させることができる。一度，ブレークオーバになると，電圧が0に近くなるまで電流を止めることはできない。

d．整流回路

　図9-39は単相半波整流回路，図9-40は単相全波整流回路である。図9-41は三相半波整流回路，図9-42は三相全波整流回路である。

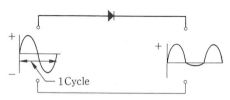

図9-39　単相半波整流回路

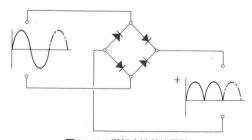

図9-40　単相全波整流回路

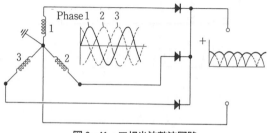

図9-41　三相半波整流回路

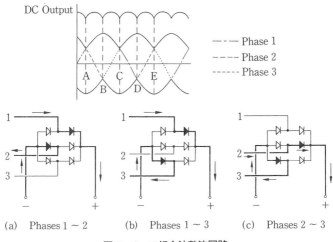

(a) Phases 1 ~ 2   (b) Phases 1 ~ 3   (c) Phases 2 ~ 3

図 9-42 三相全波整流回路

9-7-2 変圧器

図 9-43 は変圧器の基本型で，下図の左側は昇圧，右側は降圧を示す。図 9-44 (a)は三相スター結線 3 線式変圧器，(b)は三相スター結線 4 線式変圧器である。相間に負荷の変動がある場合は 4 線式にする。4 線式の中性ラインからラジオノイズが入る場合があるので，Y-△結線とする場合もある。(c)はデルタ結線変圧器である。

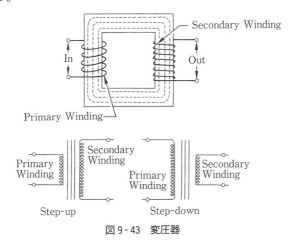

図 9-43 変圧器

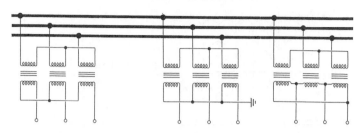

（a）　スター結線（3線式）　　（b）　スター結線（4線式）　　（c）　スター・デルタ結線

図 9-44　三相変圧器

ａ．CT（Current Transformer）

　CT は AC 発電機の電圧調整，負荷バランス，プロテクションの回路および，AC 電流計の回路に使われる。

　一次側は発電機の主ケーブルが CT のコア・アマチュアを通過しているだけである。電流の増減によるフラックスの変化で二次巻線に電圧が発生する。図 9-45 は大型航空機のゼネレータ・システムの CT である。

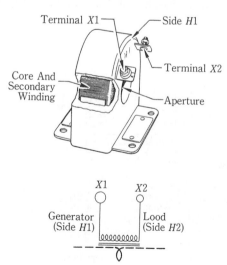

図 9-45　カレント・トランス

b．オートトランスフォーマ

単に電圧を上げたり，下げたりする目的の場合は**図 9-46** のようなオートトランス（Auto-transformer）を使用する。**図 9-47** は三相オートトランスの回路図である。

一次側は三相 208〔V〕，出力側は三相 270〔V〕と三相 410〔V〕が得られる。オートトランスは，大きな電力を消費しない回路に使用される。

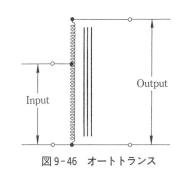

図 9-46　オートトランス

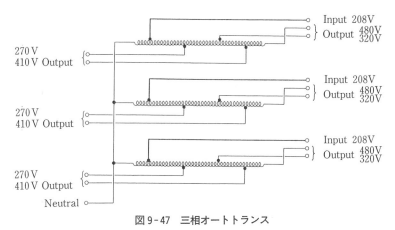

図 9-47　三相オートトランス

c．TRU（Transformer-Rectifier Unit）

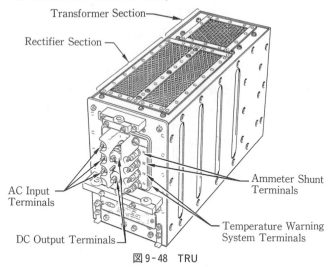

図9-48　TRU

　トランスと整流器を組み合わせたユニットを TRU と呼ぶ。図9-48 は，三相
200 V 400 Hz から DC 26 V 110 A を供給する TRU の外観である。図9-49 は
その回路図である。トランスの一次側はスター結線。二次側はスター結線とデ
ルタ結線の二組の二次巻線があり，おのおの；6個のシリコン・ダイオードの全
波整流回路を持っている。ユニットの温度が150〜200℃になると，警報灯
（Warning Light）を点灯するサーマル・スイッチ（Thermal Switch）を内蔵
している。

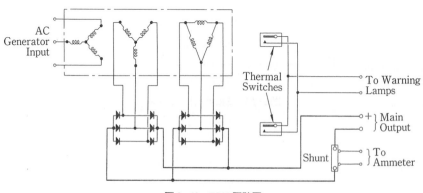

図9-49　TRU 回路図

9-7-3 変流器 (Rotary Converting Equipment)

　直流を交流に変換する機器には「Rotary Converter」「Motor-generator」「Inverter」等がある。

a. インバータ (Inverter)

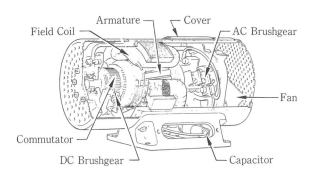

　　Field Coil　　Armature　　Cover　　AC Brushgear

　　　　　　　　　　　　　　　　　Fan

　Commutator

　　DC Brushgear　　　Capacitor

図 9-50　インバータ

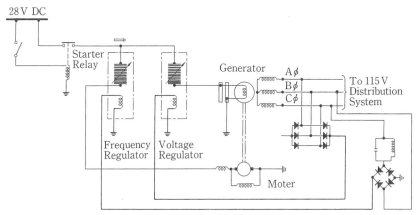

28 V DC

Starter
Relay

Generator　A φ
　　　　　B φ　　To 115 V
　　　　　C φ　　Distribution
　　　　　　　　System

Frequency　Voltage
Regulator　Regulator

Moter

図 9-51　インバータ回路図

　図 9-50 は，モータ・ゼネレータ・タイプのインバータである。モータは直流 24 V 4 極複巻型で，同じシャフトに三相 115 V 発電機が取り付けてある。図 9-51 はインバータの出力電圧・周波数コントロール・システム回路図である。周波数調整はカーボン・パイル方式で，モータの回転数をコントロールし，電圧調整もカーボン・パイル方式で発電機のフィールド電流をコントロールする。

b．スタティック・インバータ（Static Inverter）

　図 9-52 はトランジスタ回路で構成したソリッド型インバータの回路図である。大型ジェット機は，回転式のインバータではなく，スタティック・インバータを搭載している。

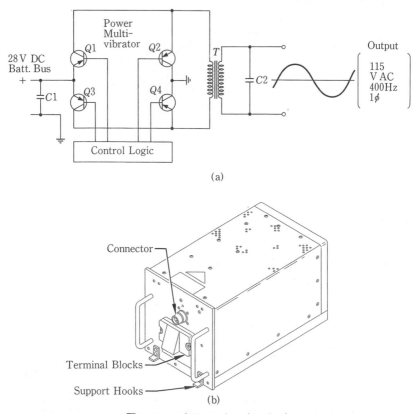

(a)

(b)

図 9-52　スタティック・インバータ

9-8　地上電源システム（Ground Power Supply）

　航空機が地上にあるときは，地上の電源または APU から電力を受ける。

　図 9-53 は地上電源車（Ground Power Unit），図 9-54 は直流発電機搭載の航空機の外部電源回路である。

図 9-53　地上電源車

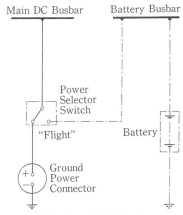

図 9-54　外部電源回路

9-8-1　地上電源コネクタ・プラグ

　図 9-55 は直流外部電源コネクタ・プラグ，図 9-56 は直流外部電源プラグ・システムである。プラグは 2 本の太いピンと 1 本の短い細いピンを持っている。太いピンは航空機の電気システムに電力を供給するピンである。細いピンは電源を接続するためのリレー（Ground Power Control Relay）を「ON」にするためのピンである。

　図 9-57 は交流発電機の航空機の地上電源システムである。コネクタ・プラグは，4 本の太いピンと 1 本の短い細いピンを持っている。太いピンは三相交流を

供給する。

　コネクタ・プラグを機体に取り付け，取り外しをするとき，負荷電流がある
とピンとソケットの間でスパークしアーク放電が発生して危険である。従って，
電源と負荷の「接」「断」はグラウンド・パワー・リレーで行うよう設計されて
いる。

　グラウンド・パワー・リレーを作動する電気は，コネクタ・プラグの細い短
いピンから供給されるので，接続のときは，電力用の太いピンが接続されてか
らグラウンド・パワー・リレーが作動し，取り外すときは，グラウンド・パワー・
リレーが「OFF」になってから，電力用の太いピンが取り外されるシーケンス
になっている。

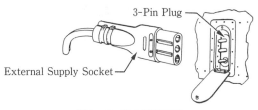

図9-55　地上電源回路

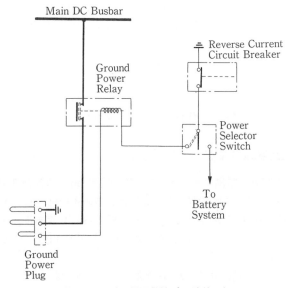

図9-56　地上電源供給プラグ（DC）

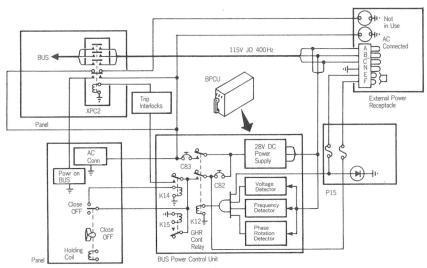

図 9-57　地上電源プラグ（AC）

9-8-2　APU（Auxiliary Power Unit）

　大型旅客機は地上からの電源に頼らずにサービスを行うため，APU を装備している。APU は小型ガスタービン・エンジンで，航空機の電池で始動する。APU は客室に空調用の空気を送ると同時に，三相交流発電機を駆動して航空機システムに電力を供給する。

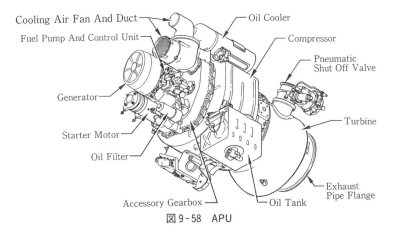

図 9-58　APU

　双発機では，APU は航空機の発電機システムが故障した場合のバックアップ電源となるよう設計されている。

9-9　電源システムの構成

　図 9-59 は B 767 の電源システム回路図である。エンジンで駆動する R, L の 2 台の発電機 (90 kVA) と APU の発電機 (90 kVA) を装備し，緊急用電源としての, Ni-Cd 電池と APU スタート用の Ni-Cd 電池, 地上サービス用の外部電源コネクタを装備している。

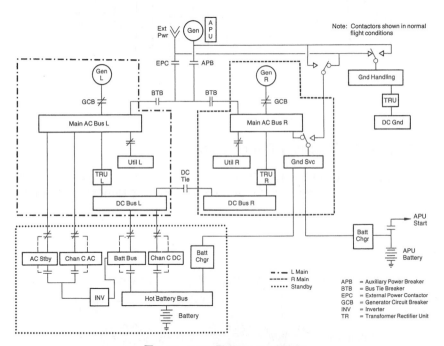

図 9-59　B 767 電源システム回路図

問　題

1．発電機から直流を取り出す方法を説明しなさい。(p.46)

2．直流発電機の三つのタイプの名称を書きなさい。航空機に使われる発電機はどのタイプか。(p.49)

3．アマチュア・リアクションについて簡単に説明しなさい。(p.48)

4．航空機の直流発電機のアマチュア・リアクションを修正する方法を述べなさい。(p.48)

5．直流発電機のブラッシについて，次のことを述べなさい。

  (a)　材質は何か。

  (b)　高高度飛行でブラッシが異常に摩耗する理由は何か。

6．直流発電機の電圧をコントロールする機能について述べなさい。(p.50, 51)

7．カーボン・パイル式電圧調整器の原理を説明しなさい。(p.51)

8．バイブレータ式電圧調整器の働きを説明しなさい。(p.50)

9．直流発電機の「フラッシング」とはどんなことか述べなさい。(p.48)

10．直流発電機の並列運転について説明しなさい。(p.52)

11．航空機の発電機の冷却について述べなさい。(p.63)

12．発電機の周波数は，次ぎのうちどれか。(p.59)

  (1)　相÷電圧

  (2)　極数×60÷回転数

  (3)　回転数×極数（ペア）÷60

13．rms について説明しなさい。

14．キャパシティブの電流は，次のうちどれか。(p.61)

  (1)　電圧より進む。

  (2)　電圧より遅れる。

  (3)　電圧と同位相である。

15．Power Factor について説明しなさい。(p.62)

16．変動周波数型電源システムについて知っていることを述べなさい。(p.62)

17．交流発電機の周波数と発電機の構造の関係を説明しなさい。(p.59)

18．発電機の励磁システムと電圧調整について説明しなさい。(p.50)

19．CSD について簡単に説明しなさい。(p.66)

20．固定周波数型発電システムの並列運転のコントロール・ファクタは何か述べなさい。(p.70)

21．kVAR とは何か述べなさい。(p.70)

22．固定周波数型発電システムのロードシェアリング・システムを説明しなさい。(p.70)

23．CSD が「Underspeed」か「Overspeed」かをどうやって感知しているか述べなさい。(p.70)

24．トランジスタの「P」と「N」は何のことか述べなさい。(p.21)

25．トランジスタの記号を書いて各端子の名前を書きなさい。(p.21)

26．整流とは，次のうちどれか。(p.72)
　⑴　交流高電圧を低い電圧にすること。
　⑵　直流を交流に変換すること。
　⑶　交流を直流に変換すること。

27．整流作用の原理を説明しなさい。(p.21)

28．N-type の半導体素子は，次のうちどれか。(p.19)
　⑴　「ホール」を持っている。
　⑵　「ホール」の定義である。
　⑶　「自由電子」を持っている。

29．航空機に用いられている整流のための半導体素子にはどんなものがあるか述べなさい。(p.72)

30．ゼナー電圧（Zener Voltage）とは何か述べなさい。(p.72)

31．SCR について説明しなさい。(p.73)

32．三相全波整流回路を図で説明しなさい。(p.75)

33．変圧器の図を描いて説明しなさい。(p.75)

34．変圧比とは何か。変圧器の「ステップアップ」「ステップダウン」を説明しなさい。(p.75)

35．三相スター結線の変圧器の図を描きなさい。(p.76)

36．CT について説明しなさい。CT が使われているシステムの例を書きなさい。(p.76)

37．TRU の回路図を描いて作動を説明しなさい。(p.78)

第10章　配電システム

10-1　配　電

　発電機から供給される電力を安全に，かつ効率良く航空機の各システムへ配電するために，母線(Busbar)，保護ネットワーク(Protection Network)，ジャンクション・ボックス (Junction Box)，コントロール・パネル (Control Panel)がある。

10-1-1　母線（Busbar）

a．スプリット母線システム（Split Busbar System）
　発電システムや負荷の一部に故障が発生した場合，電源や負荷を切り離して他への影響を防いだり，負荷の重要度に対応した電力供給の配分をする必要がある。通常は次のように負荷を分類し母線を配置している。

b．最重要負荷（Vital Service）
　胴体着陸（Wheels Up Landing）後に必要とするシステム，例えば脱出用の照明（Emergency Lighting），消火器作動クラッシュ・スイッチ等はバッテリ母線（Battery Busbar）に接続する。

c．エッセンシャル負荷（Essential Service）
　飛行中，常時必要とするシステムには常に電力が供給されるようエッセンシャル母線を配置し接続する。

d．ノンエッセンシャル負荷（Non-essential Service）
　飛行中の発電機の故障または負荷過剰の状況になった場合に切り離すことができる負荷は発電機母線（Generator Busbar）に接続する。

　図10-1は直流発電機式航空機の母線システム（Busbar System）であり，図
10-2は交流発電機式航空機の母線システムである。

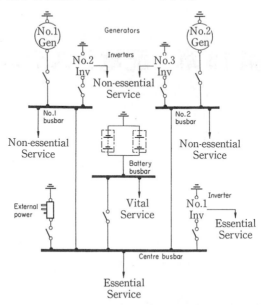

図 10-1　直流発電機母線システム

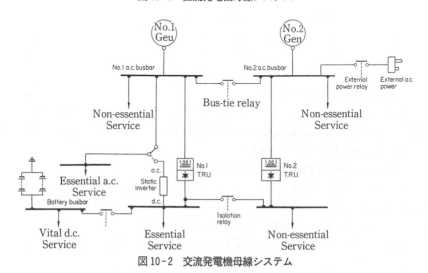

図 10-2　交流発電機母線システム

10-1-2　電　線

発電機や蓄電池からの電力を航空機のシステムに供給する電線には電気抵抗があるので，電圧降下や発熱等が生じるので適正な電線を使わなければならない。**表10-1**は航空機用電線の安全電流を示す。同じ太さの電線であっても，複

表10-1

航空機用銅電線　（MIL-W-5086）				
電線サイズ	許容電流（A） （単線の場合）	許容電流（A） （束にした場合）	抵抗値（Ω） （1,000 ft, 20℃）	導線断面積 （サーキュラミル）
AN-20	11	7.5	10.25	1,119
AN-18	16	10	6.44	1,779
AN-16	22	13	4.76	2,409
AN-14	32	17	2.99	3,830
AN-12	41	23	1.88	6,088
AN-10	55	33	1.10	10,443
AN-8	73	46	.70	16,864
AN-6	101	60	.436	26,813
AN-4	135	80	.274	42,613
AN-2	181	100	.179	66,832
AN-1	211	125	.146	81,807
AN-0	245	150	.114	104,118
AN-00	283	175	.090	133,665
AN-000	328	200	.072	167,332
AN-0000	380	225	.057	211,954
航空機用アルミ電線　（MIL-W-7072）				
電線サイズ	許容電流（A） （単線の場合）	許容電流（A） （束にした場合）	抵抗値（Ω） （1,000 ft, 20℃）	導線断面積 （サーキュラミル）
AL-6	83	50	0.641	28,280
AL-4	108	66	.427	42,420
AL-2	152	90	.268	67,872
AL-0	202	123	.169	107,464
AL-00	235	145	.133	138,168
AL-000	266	162	.109	168,872
AL-0000	303	190	.085	214,928

数の電線を束にした場合と，1本だけで配線した場合では許容電流が異なる。
発電機および蓄電池から母線までの間の電圧降下は定格電流および5分定格電
流で2%以下でなければならない。また，母線からコンポーネントまでの間の許
容電圧降下は **表10-2** に示す。

10-1-3　配　線

　配線は安全で，無線機器やコンパス・システムの信号等の障害を避け，かつ，
取り付け，取り外しや回路のテストのための接近が容易であるなどの配慮が必
要である。
　一般的に次の方法がある。

a．オープン方式（Open Room）

　平行に走る電線を束にして適切な間隔でクランプする方法である。電線の束
の外径の10倍以下の半径で曲げてはならない。燃焼パイプや高温の部所を避け
ること。（図10-3）。

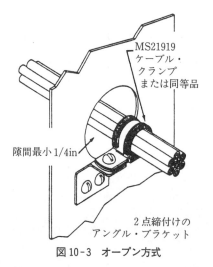

MS21919
ケーブル・
クランプ
または同等品

隙間最小1/4in

2点締付けの
アングル・ブラケット

図10-3　オープン方式

b．ダクト方式（Ducted Room）

　基本的にはオープンと同じであるが，電線の束（Bundle）をダクトで保護し
てある（図10-4）。

c．コンジット（Conduit）

　油やハイドロ液，燃料などがかかる恐れのある部位の配線はコンジットを使

図 10-4　配線（ダクト方式）

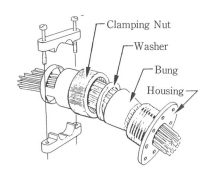

図 10-5　配線（ケーブル・シール）

表 10-3

電線管の公称I.D. (in)	内側の最小曲げ半径 (in)
$\frac{3}{16}$	$2\frac{1}{4}$
$\frac{1}{4}$	$2\frac{3}{4}$
$\frac{3}{8}$	$3\frac{3}{4}$
$\frac{1}{2}$	$3\frac{3}{4}$
$\frac{5}{8}$	$3\frac{3}{4}$
$\frac{3}{4}$	$4\frac{1}{4}$
1	$5\frac{3}{4}$
$1\frac{1}{4}$	8
$1\frac{1}{4}$	$8\frac{1}{4}$
$1\frac{3}{4}$	9
2	$9\frac{3}{4}$
$2\frac{1}{2}$	10

表 10-2

公称系統電圧	連続作動時 許容電圧降下	断続作動
14	0.5	1
28	1	2
115	4	8
200	7	14

用する。コンジットは，プラスチック製，アルミ・パイプ，スチール編み，等がある。特に電気信号の影響があるシステムは，シールドの目的で金属コンジットを使用する。表 10-3 はコンジットの許容曲げ半径を示す。

d．ケーブル・シール（Cable Seal）

　与圧式の航空機では，圧力隔壁（Pressure Bulkhead）を通過する電線は空気漏れを防ぐために，気密性のあるプラグとソケットでシールする（図 10-5）。

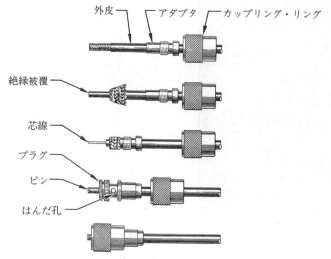

外皮　　アダプタ　　カップリング・リング

絶縁被覆

芯線

プラグ

ピン

はんだ孔

図 10-6　同軸ケーブル

10-1-4　特殊な配線

a．イグニション・ケーブル（Ignition Cable）

　イグニション・ケーブルは，高電圧のため単芯（Single-core）より線を使用し高絶縁被覆と，金属編コンジットでシールドされている。

b．熱電対ケーブル（Thermocouple Cable）

　シリンダまたはタービンの温度を測定する熱電対は，鉄―コンスタンタンまたは銅―コンスタンタン，排気温度はクロメル―アルメルである。絶縁材はシリコン・ラバーが使われる。

c．同軸ケーブル（Co-oxial Cable）

　同軸ケーブルは中心線が磁界などの影響を全く受けないので，無線機器のアンテナ回路，燃料油量計のタンク・センサ回路に用いられる。図 10-6 は同軸ケーブルとコネクタの接続の状態を示す。

10-1-5　アース（Earthing or Grounding）

　われわれの日常生活では，地球が電気的中性点になっている。同様に航空機では，機体を電気的中性点にしている。従って，直流回路の（-）ラインや交流回路の中性点は機体に接続する。機体構造の製作においては；翼端から機体のすみずみまで電気的に良導体になるよう配慮する。

10-1-6　電線の接続

　電線を接続する方法は大まかに二つの方法がある。一つは恒久的に接続し，普段は取り外しをしないもの。もう一つはひんぱんに取り付け，取り外しをするものである。前者はターミナル型の接続方法を行い，後者はプラグ・ソケットを使用する。

a．クリンプ・ターミナル

　はんだ付けをしないで，電線をターミナルに圧着する方法（図10-7参照）。

　クリンプ・ターミナル方法の特長は，次のようなものがある。

(1)　作業が早く，かつ標準化される。

(2)　導通が良好で接続抵抗が低い。

(3)　機械的強度が強い。

(4)　はんだフラックスによる腐食やクラック等の問題がない。

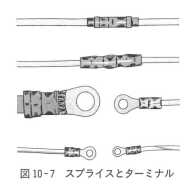

図10-7　スプライスとターミナル

b．アルミ電線の接続

　アルミ電線は軽いので航空機に使用すると重量軽減になり有利であるが，使用上，注意を要する点がある。

　アルミニウムは空気にさらされると酸化膜を形成する。この酸化膜は導通不良の原因になったり，接続部の接触抵抗を増大し，発熱や腐食を引き起こす。従って，酸化膜を除去する処理が必要である。

c．プラグ・ソケット

　取り付け，取り外しの頻度の多い部位はプラグ・ソケットを使用する。図10-8，図10-9はプラグ・ソケットの実例である。

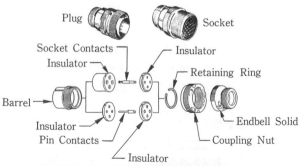

図 10-8　プラグ・ソケット

(a)　固定用

(b)　バルクヘッド固定用

(c)　フリー・タイプ用

(d)　ラック用

図 10-9　プラグ・ソケットの種類

10-1-7　ボンディング

　飛行中の機体には静電気が帯電する。一つは空気中のちり等との摩擦によって発生する静電気であり、もう一つは帯電した雲などの電界内に入った場合である。帯電した電荷が高くなると落雷となって放電する。機体に部分的な電位差が生じると機体を高電流が瞬間的ではあるが流れるので、抵抗があると発熱して溶着を起こす場合がある。このような状況を防ぐために、機体構造に電位差が生じないようボンディングを行う（図10-10）。

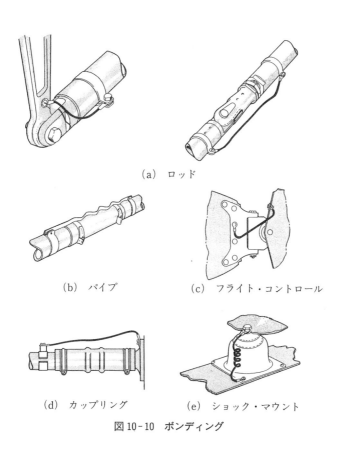

(a)　ロッド

(b)　パイプ　　　　　(c)　フライト・コントロール

(d)　カップリング　　　(e)　ショック・マウント

図10-10　ボンディング

ボンディングにより，次の利点がある。

(1) 機体各部の電位差を少なくする。

(2) スパーク放電を防止し，火災の発生を防ぐ。

(3) 無線機器や航法機器の障害をなくす。

(4) 機体に人が触ったとき，静電気ショックが発生するのを防止する。

　異種類の金属をボンディングすると電蝕を起こすので，ボンディングを行う場合は，材料の組み合わせに注意が必要である。

10-1-8　スタティック・ディスチャージャ（Static Discharger）

　機体に静電気が帯電するとコロナ放電を発生するようになる。コロナ放電は無線通信の障害となる。スタティック・ディスチャージャは機体表面の静電気を放電する通路となり，コロナ放電を防ぐための装置である。

　スタティック・ディスチャージャはニクロム線をブラッシまたは灯芯の形状にしたものやタングステン針をディスチャージャの端に付けたものもある。

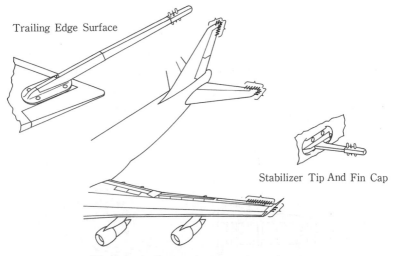

図 10-11　スタティック・ディスチャージャ

10-2 スイッチおよびリレー

10-2-1 トグル・スイッチ（Toggle Switch）

航空機で最もよく使われるスイッチはトグル・スイッチである（図10-12）。

複数のトグル・スイッチを同時に操作する場合は，バーでギャンギング（Gang-ing）（図10-13(a)，(b)）する場合もある。

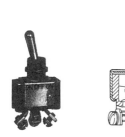

図10-12　トグル・スイッチ

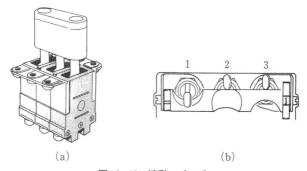

(a)　　　　　　　　　　　　　　　(b)

図10-13　連動スイッチ

トグル・スイッチの接点は図10-14に示すようにON・OFF型（Single-throw）と切換型（Double-throw）がある。また，手を離すと元にもどるモーメンタリー・スイッチもある。

図10-14 はトグル・スイッチの接点のタイプを示す。

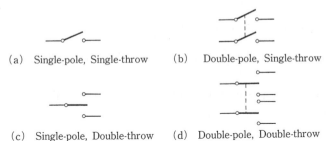

　(a)　Single-pole, Single-throw　　(b)　Double-pole, Single-throw

　(c)　Single-pole, Double-throw　　(d)　Double-pole, Double-throw

図10-14　スイッチのタイプと接点

10-2-2　プッシュ・スイッチ（Push Switch）

　エンジン・スタート等の瞬間的な操作をする回路にはプッシュ・スイッチを使用する。

　図10-15 はプッシュイン・ソレノイド・スイッチ（Push-in Solenoid Switch）と表示灯付きプッシュ・スイッチの図である。

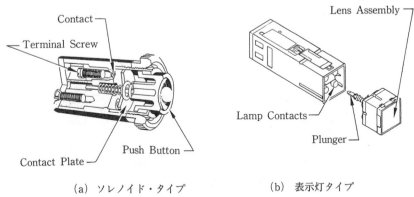

　　(a)　ソレノイド・タイプ　　　　　(b)　表示灯タイプ

図10-15　プッシュ・スイッチ

10-2-3　マイクロスイッチ（Micro-switch）

　航空機に非常に多く使われているスイッチの一つである。マイクロスイッチ

の語源は,「ON」「OFF」の接点の移動距離が小さいことに由来している。図 10 - 16 の断面図のプランジャを押すと,スプリングの働きで接点が切り換わる。航空機のドア,フラップ,脚等の上げ下げ,または開閉の表示灯の回路のスイッチ等に使用されている。

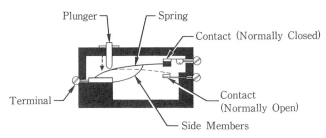

図 10-16　マイクロスイッチ

10-2-4　サーマル・スイッチ（Thermal Switch）

発電機のオーバヒート,火災警報システム,消火システム等に使われる（図 10-17）。2 種類の金属（インバールとスチール）の熱膨張の差を利用したスイッチである〔インバール（invar）は鋼とニッケルの合金で膨張係数が非常に小さい〕。

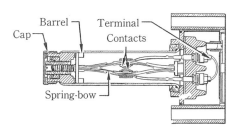

図 10-17　サーマル・スイッチ

10-2-5　プロキシミティ・スイッチ（Proximity Switch）

ドアの開閉,ランディング・ギアの「Up」「Down」等の警報に用いられる（図 10-18）。マグネット・アクチュエータがスイッチ・ユニットに接近すると磁力線によりスイッチ・ユニットが感知し,スイッチを作動させる。

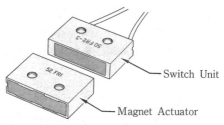

図 10-18　プロキシミティ・スイッチ

10-2-6　リレー（Relay）

　リレーは電磁ソレノイドで接点を「ON」「OFF」する遠隔操作スイッチである。

　図10-19は大電流を「ON」「OFF」する大型リレーであり，発電機の出力回

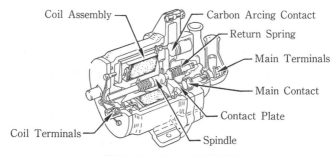

図 10-19　リレー（大電流用）

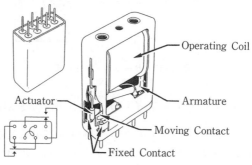

図 10-20　リレー（小電流用シールド・タイプ）

路やスタータ・モータの回路に使われている。100〜1,500〔A〕の電流容量がある。

　図10-20，図10-21は電流容量3〔A〕程度の小型リレーであり，航空機にはたくさん使われている。図10-22はmA，mVの微弱な電力で作動する電磁リレーである。アマチュアは磁石でできており，コイルに電流が流れるとフレームが電磁石となってアマチュアを動かす。

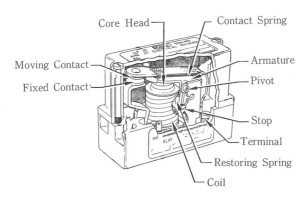

Core Head — Contact Spring
Moving Contact — Armature
Fixed Contact — Pivot
Stop
Terminal
Restoring Spring
Coil

図10-21　リレー（小電流用）

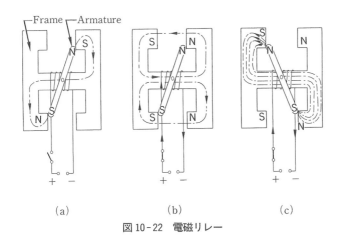

Frame — Armature

(a) (b) (c)

図10-22　電磁リレー

10-3　回路保護装置

　電気回路のショートやオーバロードが発生したときに，その回路を切り離して電源を保護する装置である。

10-3-1　ヒューズ（Fuse）

　過大な電流が流れると，溶断して回路を遮断し保護する。錫，鉛，錫ビスマス（Bi）合金，銀，銅および，その合金がヒューズ・エレメントの材料として使われる。

　図 10-23 は小電流回路用，図 10-24 は大電流回路用である。

　航空機用のヒューズには，断線するとヒューズ・ホルダに表示灯がついて，断線を表示するものもある。

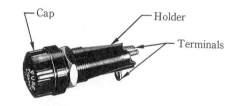

図 10-23　ヒューズ（小電流用）

図 10-24　ヒューズ（大電流用）

10-3-2 サーキット・ブレーカ (Circuit Breaker)

　サーキット・ブレーカはバイメタル・エレメントの働きで機械的にスイッチ
をトリップして回路を遮断する（**図10-25**参照）。

　すなわち，ヒューズと，スイッチの両方の機能を持っている。

　「トリップ・フリー」タイプのサーキット・ブレーカは回路の不具合を修正し
ない限り，スイッチを「ON」にすることはできない。**図10-26**は6〔A〕サーキッ
ト・ブレーカの過負荷―トリップ時間特性である。例えば，温度が＋57℃のと
き，負荷電流が140〜160％になると30秒でトリップする。

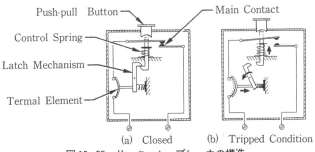

図10-25　サーキット・ブレーカの構造

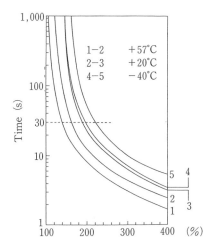

図10-26　サーキット・ブレーカの作動特性

図 10-27 は航空機用サーキット・ブレーカの外観である。

図 10-27　サーキット・ブレーカ

10-3-3　逆流防止器 (Protection Against Reverse Current)

通常は，発電機から航空機の各システムへ電力が供給され電流が流れるのが正常であるが，発電機が故障した場合，逆流が起こる可能性がある。この逆流を自動的に防止するために逆流遮断リレーと逆流サーキット・ブレーカがある。

a. 逆流遮断リレー (Reverse Current Cut-out Relay)

図 10-28 は，小型機用直流発電機の電圧調整器に備えられている逆流遮断回路である。アマチュア・スイッチは，スプリングで「OFF」になっている。発電機が発電を始めるとシャント・コイルの磁力でアマチュア・スイッチが「ON」になり，母線 (Busbar) へ電力を供給する。シリーズ・コイルは母線への電流により，アマチュア・スイッチをさらに「ON」の状態に確保する。もし発電機が停止すると，母線から発電機へ電流が流れるので，シリーズ・コイルによる磁力がシャント・コイルによる磁力を弱めるので，アマチュア・スイッチが「OFF」になり，逆流を防止する。

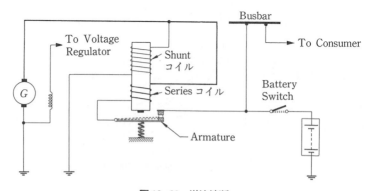

図 10-28　逆流遮断

b．逆流サーキット・ブレーカ（Reverse Current Circuit Breaker）

　逆流遮断リレーが故障して作動しなかった場合のバックアップとして逆流サーキット・ブレーカがある（図10-29）。「ロックアウト」機構を持っていて，一度トリップすると回路が完全に修復されない限り，リセットできない。リセットは手動で行う。

　図10-30は直流発電機システムで，カットアウト・リレーと逆流サーキット・ブレーカを組み合わせた例である。

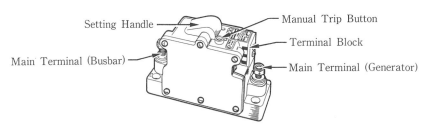

Setting Handle

Main Terminal (Busbar)

Manual Trip Button

Terminal Block

Main Terminal (Generator)

図10-29　逆流サーキット・ブレーカ

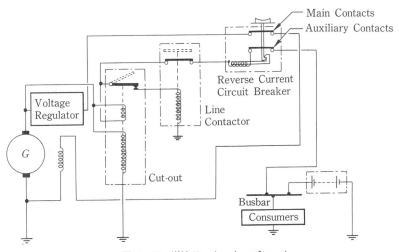

Main Contacts

Auxiliary Contacts

Reverse Current Circuit Breaker

Voltage Regulator

Line Contactor

G

Cut-out

Busbar

Consumers

図10-30　逆流サーキット・ブレーカ

10-4　システム・モニタ計器

10-4-1　電流計，電圧計

　図10-31は3発ジェット旅客機のコクピットの電源システム・コントロール・パネルである。このパネルのIDGオイル温度計，周波数計，電圧計，kW/kVA計は可動コイル型の計器であり，その基本構造は図10-32，図10-33に示す。ヘアスプリング (Hairspring) S_1，S_2を通して T_1，T_2より電流を加えるとモータの原理でコイルにトルクが発生する。このトルクとヘアスプリングの力がバランスした位置に指針が静止する。

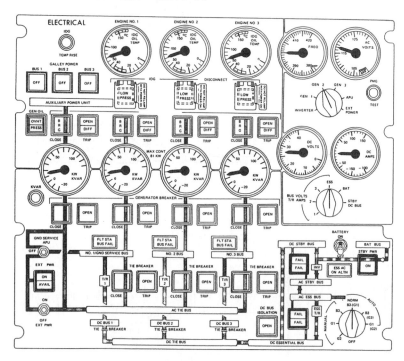

図10-31　交流発電機システム・パネル

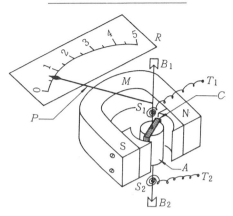

図 10-32　可動コイル型計器の原理

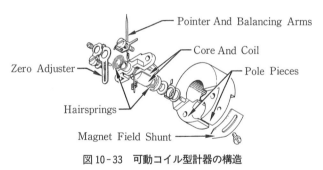

図 10-33　可動コイル型計器の構造

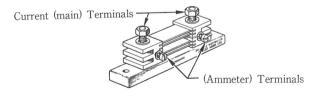

図 10-34　シャント

　可動コイル型計器は微弱な電流で作動する。そこで電流を測定する場合は
シャント (Shunt, 図10-34) と呼ばれる抵抗器を回路に直列に入れ，シャント
に並列に電流計を接続して分岐電流を計測する。交流電流を測定する場合は
CT (Current Transformer) を使う (図10-35)。図10-36 のようにシャント
とポテンシャル変圧器を使う場合もある。図10-37 は，一つの電流計で交流シ
ステムと直流システムの電流を測定する回路である。

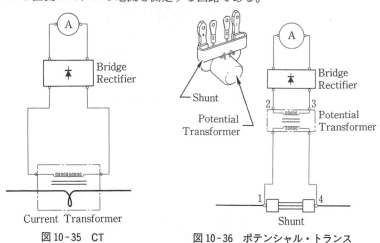

図10-35　CT　　　　　　　　図10-36　ポテンシャル・トランス

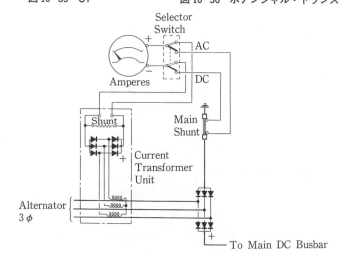

図10-37　交流／直流電流計

10-4-2 周波数計

図 10-38 は周波数計の回路図である。T_1 から測定する電源の電圧と周波数による電位がフィールド・コイルに加わり，可動コイル周辺の磁場をつくる。可動コイルには T_2 から電圧と周波数による電位が加わり磁場を形成する。この二つの磁界の相互関係により，可動コイルにトルクが発生しバランスする位置へ動く。

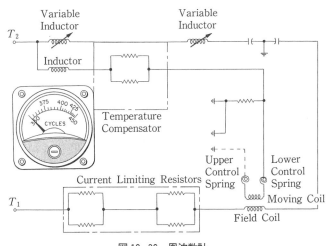

図 10-38　周波数計

10-4-3　電力計（Power Meter）

　図10-39は切り換えスイッチでkWとkVARを測定する回路図である。フィールド・コイルにはCTからの電流（この場合，B相）が流れ，磁場を形成する。「kW」の場合は可動コイルに同相の115 V ACが加わる。二つのコイルには同位相の電流が流れ可動コイルにトルクが発生し，スプリングとバランスする位置まで動く。スイッチを「kVAR」にすると，A相〜C相間の電流が可動コイルを流れる。この電流はフィールド・コイルの電流と90°の位相差がある。

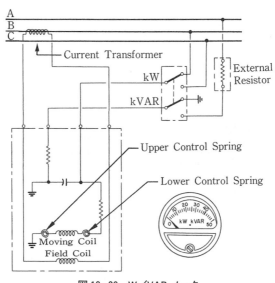

図10-39　W／VAR メータ

10-4-4　警報・表示灯

　パイロットに航空機の各システムの作動の状況を知らせるために，次のような警報・表示灯がある。
(1)　警報灯（Warning Light）……赤色
(2)　注意灯（Caution Light）……アンバー
(3)　表示灯（Indicating Light）……グリーンまたはブルー

10-4-5　マグネチック表示器（Magnetic Indicator）

　磁力で表示を回転する表示器である。燃料システムや，電源システムの供給
ルートの表示に用いる（図 10-40 参照）。通常は球状のアマチュアはスプリング
で「OFF」の位置にあるが，信号電圧によってフィールド・コイルが励磁され
ると 150° 回転し，窓に「表示」が現れる。

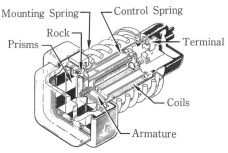

図 10-40　マグネチック表示器

10-4-6　セントラル警報システム（Central Warning System）

　大型航空機では，警報灯の数が多いので 図 10-41 のように警報灯を集合し
たパネルにし，見落としや間違いが発生するのを防ぐシステムを持っている。

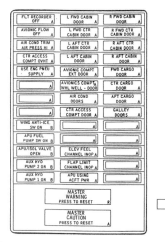

A：Amber
B：Blue
R：Red
　　：Spare

図 10-41　アナンシェータ・パネル

問　　題

1．母線（Busbar）の機能について述べよ。(p.87)
2．スプリット母線システムの目的について述べよ。(p.87)
3．アルミ線の接続で注意する点を述べよ。(p.93)
4．ボンディングは何のためか述べよ。(p.95)
5．スタティック・ディスチャージャについて述べよ。(p.96)
6．サーキット・ブレーカは，次のうちどれか。(p.103)
  (1) 過電流を遮断する。
  (2) マグネットの一次回路を「OFF」にする。
  (3) 電流の影響のない電気回路をつくる。
7．サーキット・ブレーカの構造の略図を書いて説明せよ。(p.103)
8．サーキット・ブレーカの「トリップ・フリー」とはどのようなことか述べよ。(p.103)
9．サーキット・ブレーカをスイッチとして扱うには，どのような操作をすればよいか述べよ。(p.103)
10．「リバース・カレント」とはどんな現象か。(p.104)
11．リバース・カレント・カットアウトの動作を説明せよ。(p.104)
12．リバース・カレント・サーキット・ブレーカの目的と機能を説明せよ。(p.105)
13．直流発電機のオーバボルト・プロテクションについて説明せよ。(p.51)
14．可動コイル型計器の作動原理を説明せよ。(p.107)
15．電圧や電流を測定する場合，可動コイル計器をそのまま回路に接続できるか，あるいは何か部品が必要か述べよ。(p.108)
16．電流計で高電流を計測する方法を説明せよ。(p.15，108)
17．マイクロスイッチの構造と動作を説明しなさい。(p.99)
18．サーマル・スイッチは鉄とインバールで構成されている。
　　温度が上昇すると，どうなるか。(p.99)
  (1) 鉄の膨張のみで作動する。
  (2) インバールの収縮のみで作動する。
  (3) 鉄エレメントの膨張によりインバール・エレメントが変形して作動する。

第11章　電気機器

11-1　直流モータ

11-1-1　直流モータ

　直流モータの作動原理は直流発電機の逆である。

　磁界の中のコイルに電流を流す（図11-1）とフレミングの左手の法則（図11-2）により、磁界と電流の向きに直角な方向に力が発生する。この力によって、コイル（アマチュア）が回転する。

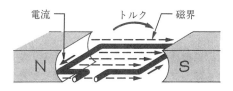

図11-1　トルクの発生

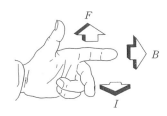

図11-2　フレミングの左手の法則

　コイル（アマチュア）に発生する力は，コイルが磁界と平行になった位置が最大であり，直角になった時は 0 となる。

　直流モータは直流発電機と同じ構造である。従って，直流発電機の起電力の式は，

$$E = \frac{1}{120} P \phi N \ \text{〔V〕}$$

　　E：起電力　　　　　N：回転数
　　P：極数　　　　　　ϕ：界磁磁束

であるから，モータの回転数は次の式で表される。

$$N = \frac{120E}{P\phi} \ \text{〔rpm〕}$$

　　E：起電力（モータの場合は電圧）
　　P：極数
　　ϕ：界磁磁束

また，界磁磁束（ϕ）はフィールド電流（I）に比例するので，次の式のようになる。

$$N = \frac{120E}{PI} \ \text{〔rpm〕}$$

すなわち，モータの回転数はフィールド電流と逆比例の関係になる。従って，直流モータを運転する際，フィールド回路を不用意に切断すると回転数が異常に上昇し危険である。

11-1-2　モータの形式

　モータの形式としては，直巻モータ，分巻モータ，複巻モータの 3 種類がある（図 11-3）。

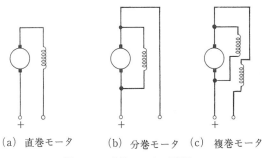

（a）直巻モータ　　（b）分巻モータ　（c）複巻モータ

図 11-3　直流モータの種類

a．直巻モータは，フィールド・コイルとアマチュア・コイルが直列になっている。従って，両コイルを流れる電流は同じである。コイルは太い線で巻数は少なくなっていて，起動のとき大電流を流すことができる。

　直巻モータの特長は，スタートのトルクが大きく加速が良い点である。速度特性は，負荷が小さいときは高速度で回転し，負荷が大きいときは低速度で回転する。従って，フルロードで始動することができる。

b．分巻モータは，フィールド・コイルがアマチュア・コイルと並列になっている。

　分巻モータは，定速度回転に適している。起動トルクは小さいので，ゼロ負荷または軽負荷でスタートしなければならない。

c．複巻モータは，直巻モータと分巻モータの両方の特性を持つモータである。アマチュアに直列のフィールド・コイルとアマチュアに並列なフィールド・コイルを持っている。

図 11-4 は直流モータの特性を示す。

11-1-3　モータの定格

　モータは多くの目的に使用されている。特に航空機では，離陸から着陸まで連続して使用されるモータもあれば，非常に短い時間大きな負荷で使用されるモータもある。このような場合に連続して大出力を出せる大型モータを設置するのは重量とコストでムダになるので運転時間に制限をつけて出力を定めている。(例)出力 800 W, 定格 30 秒

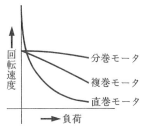

図 11-4　直流モータの特性

11-1-4　スプリット・フィールド・モータ（Split Field Motor）

　モータの回転方向を自由に変えたい場合，図11-5のスプリット・フィール
ド・モータを使用する。スプリット・フィールド・モータはシャント・フィー
ルドが二組あり，回転の方向によって，スイッチでフィールドを使い分ける。

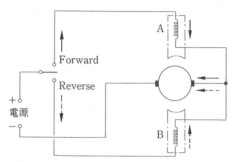

図11-5　スプリット・フィールド・モータ

11-1-5　モータ・アクチュエータ（Motor Actuator）

　モータ・アクチュエータは，電気エネルギーを機械エネルギーに変換し，直
進方向または回転方向の運動を与える。

a．リニア・アクチュエータ（Linear Actuator）

　図11-6は航空機に多く使われているリニア・アクチュエータの外観である。
モータの回転力をギアで直進方向の運動に変換している。

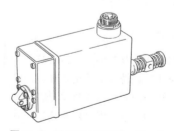

図11-6　リニア・アクチュエータ

b. ロータリ・アクチュエータ

モータの回転力をギアで低速回転にし，固定角度の運動に変換したのがロータリ・アクチュエータである。空調システムのバルブや，燃料コックに使われている。

リニア・アクチュエータもロータリ・アクチュエータも，**図 11-7** のようなリミット・スイッチを内蔵しており，ストローク，または角度の限界を設定すると同時に，回転方向を変更するためにフィールド回路の切り換えをする。図はフルクローズの状態を示しており，スイッチを「Close」にしてもアクチュエータは作動しない。スイッチを「Open」にするとアクチュエータはオープン側に動く。

アクチュエータは，オーバトラベルを防止するために電磁ブレーキを内蔵しており，モータが停止すると同時にアクチュエータの運動が止まる機構になっている。このブレーキは，常時スプリングで「ON」の状態になっている。モータに電流が流れると同時に，電磁力でブレーキを「OFF」にする。

アクチュエータは機械的オーバロードを吸収するためにクラッチを内蔵している。

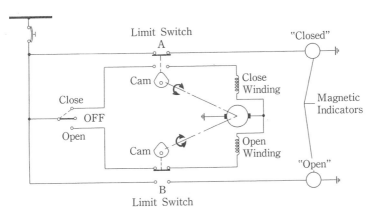

図 11-7　アクチュエータ・モータの回路図

11-2　交流モータ

　定周波交流発電機システムを持つ大型航空機では，交流モータを使用する。交流モータには，同期モータと誘導モータがある。同期モータは交流発電機と同じ構造で，ステータに交流電圧を加えて回転磁界を形成し，ロータに直流電圧を加えるとロータは回転磁界と同期した速度で回転する。

　同期モータはロータが自力で始動しないので，ロータを同期速度にするまでの装置が必要であるため，航空機では通常は，誘導モータを使用する。

11-2-1　誘導モータ（Induction Motor）

　誘導モータは，モータのステータに交流電流を流し回転磁界をつくると，ロータに誘導起電力が発生する作用を応用したものである。従って，ロータに電力を送るためのコミュテータ・スリップリングやブラッシ等は不要である。

　ロータは図11-8のような銅またはアルミニウムのバーでつくられた「かご」であり，ステータは積層コアとコイルである。図11-9は2極三相交流モータの原理図である。

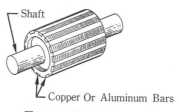

図 11-8　誘導モータのロータ

　図11-9(a)は0°の状態を示す，A相とC相には電流が流れるがB相は電流「0」である。従って，破線のような磁界がステータによってつくられ，ロータのバーに図に示すような誘導電流が流れるので，矢印の方向のトルクが生じる。

　図11-9(b)は60°の時点を示す，A相の電流は「0」，B相，C相に図のような電流が流れ磁界がつくられる。このようにステータによって作られる回転磁界により，ロータが回転する。4極モータの場合は，フィールド（回転磁界）は1サイクルで180°回転する。6極モータでは，1サイクルでフィールド（回転磁界）は90°回転する。

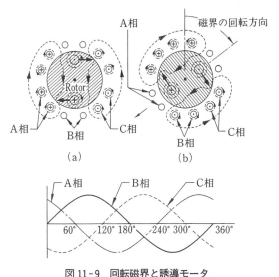

図11-9 回転磁界と誘導モータ

　三相誘導モータは，ステータに三相交流電圧を加えて回転磁界を形成する。回転磁界の速度をモータの同期速度と呼ぶ。

　電源の周波数（f）とフィールドの極数（P），およびモータの同期速度は，次の関係にある。

$$同期速度 = \frac{f \times 120}{P}$$

　回転磁界によってロータに起動力を発生し電流が流れると磁界と電流の関係（フレミングの左手の法則）でトルクが発生する。ロータの起動力は回転磁界の速度よりロータの回転速度が遅くなったときに発生する。この速度のずれを「スリップ」といい，パーセントで表示する。

11-2-2　単相誘導モータ

　単相電源の場合は，回転磁界をつくることができないのでロータを回転することができない。そこで，90°ずれた電流による磁界をフィールドに追加してロータを始動する。

　始動方法には，次の方法がある。

(1)　抵抗起動（Resistance Starting）

(2)　インダクタンス起動（Inductance Starting）

(3)　抵抗/インダクタンス起動（Resistance/Inductance Starting）

(4)　コンデンサ起動（Capacitance Starting）

　(1)，(2)，(3)はモータの始動が終われば，回路を切り離す必要がある。

　図 11-10 はコンデンサ起動単相モータの原理図である。

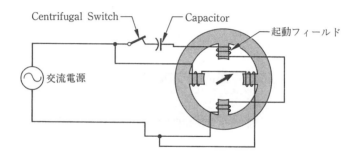

図 11-10　コンデンサ起動単相モータ原理図

11-2-3　二相モータ

　二相モータは，航空機のシンクロ・システムのサーボモータとして利用されている。フィールドは互いに 90°の角をもって設置された二つのコイルがあり，一相はシステムの主電源からの電流により，固定した磁界をつくる。他の一相にはシグナル・アンプから信号電流を受けてロータの回転方向，速度をコントロールする。

問　題

1．ある目的に対し，特に優れた性能を持っている直流モータは何か述べよ。
　（p.115）

2．分巻モータおよび直巻モータの特性について述べよ。（p.115）

3．分巻モータの回転数を増加するとフィールド電流は，どうなるか。（p.115）
　(1)　減少する。
　(2)　変わらない。
　(3)　増加する。

4．始動のときにトルクが大きく，かつ無負荷で安定した回転をするモータの
　回路図を書きなさい。（p.115）

5．可逆回転が容易なモータについて回路図で説明せよ。（p.116）

6．アクチュエータ・モータのオーバランを防ぐための機構はどれか。（p.117）
　(1)　手動スイッチ
　(2)　電磁ブレーキ
　(3)　カムで作動するリミット・スイッチ

7．誘導モータの三相回転磁界について説明せよ。（p.119）

8．回転磁界よりも少し遅れて誘導モータが回転する理由を述べよ。（p.119）

9．交流モータの同期速度とロータ速度の差を，何というか。（p.119）
　(1)　モータのロス速度
　(2)　ブレーキ速度
　(3)　スリップ速度

10．誘導モータの同期速度の式を書きなさい。（p.119）

11．単相誘導モータの回転磁界をつくる方法を説明せよ。（p.120）

第 12 章　電気システム

12-1　照明（Lighting）

　航空機の照明システムは, 機外照明 (External Lighting) と機内照明 (Internal Lighting) がある。

a．機外照明

(1)　航空機の部位を示す（Navigation Light）。

(2)　フラッシングにより位置を示す（Anti-collision Light）。

(3)　前方の照明（Landing Light, Turn Off And Taxi Light）。

(4)　着氷の状態を見るための, 翼前縁, エンジン吸気孔の照明（Wing Light）。

b．機内照明

(1)　操縦室計器盤およびコントロール・パネルの照明（Cockpit Light）。

(2)　システムの作動状況を示す指示灯および警報灯（Warning Light, Indication Light）。

(3)　客室の照明およびインフォメーション・サイン（Ceiling Light, Reading Light）。

(4)　緊急着陸の際, 乗客脱出用の照明（Emergency Light）。

12-1-1　機外照明（External Lighting）

　図 12-1, 図 12-2 は, 機外照明の照らす範囲と位置を示す。

a．ナビゲーション・ライト（Navigation Light）

(1)　右翼端グリーンライト（110°の範囲を照らす）。

(2)　左翼端, 赤灯（110°の範囲を照らす）。

(3)　機体尾部, 白灯（140°の範囲を照らす）。

ただし，DC-10，L-1011 は特殊なケースとして，翼の後縁に取り付けられている。

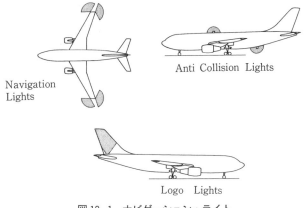

図 12-1　ナビゲーション・ライト

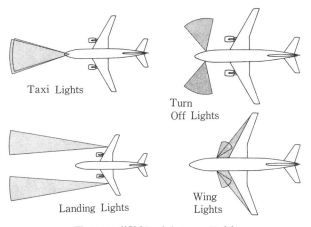

図 12-2　着陸灯，タキシー・ライト

b．衝突防止灯（Anti-collision Light）

　ローテーティング・ビーコン・ライトとストロボ・ライトの 2 種類がある。

(1)　ローテーティング・ビーコン・ライト：　**図 12-3**(a)のように反射板が回転するタイプと，**図 12-3**(b)のように二つのランプが回転するタイプがある。回転速度は 40～45〔rpm〕，で 80～90 サイクルの点滅をする。

(2)　ストロボ・ライト（Strobe Lighting）：　図 12-4 はコンデンサ放電型のキ
セノン・ストロボ・ライトである。70 サイクルでフラッシュする。

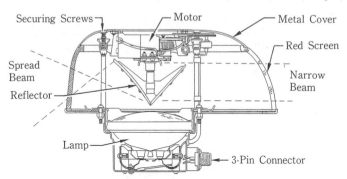

図 12-3(a)　衝突防止灯（リフレクタ・タイプ）

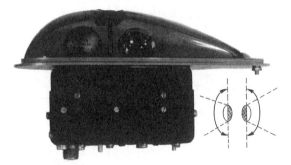

図 12-3(b)　衝突防止灯（ランプ回転型）

図 12-4　ストロボ・ライト

図 12-5　ランディング・ライト

c．着陸灯，タキシー・ライト（Landing Light And Taxi Light）

図 12-5 はシールド・ビーム，600〔W〕である。主翼の前縁と前脚に取り付けられている。

d．着氷灯（Wing Light）

主翼の前縁およびタービン・エンジンの空気取入口を照らして着氷の状態を点検する。胴体前方上部に取り付けてあり，250〔W〕である。

12-1-2 機内照明（Internal Lighting）

a．操縦室の照明（Cockpit Lighting）

操縦室の照明は，計器やスイッチ，コントロール・パネルを見やすくすると同時に，パイロットの目の疲れを少なくする配慮がしてある。

操縦室の照明には，次のようなものがある。

(1) インテグラル・ライト（Integral Lighting）：計器に内蔵している内部の照明（図 12-6）。

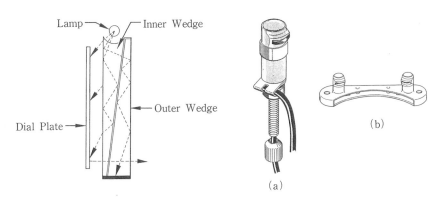

図 12-6 インテグラル・ライト　　　　図 12-7 ピラー・ライト

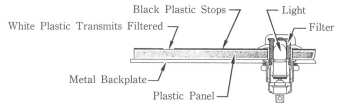

図 12-8 パネル・ライト

(2)　ピラー・アンド・ブリッジ・ライト（Pillar And Bridge Lighting）：図12
-7：個々の計器の上面にあり，外側から計器の表面を照らす。

(3)　トランス・イルミネーテッド・パネル（Trans-illuminated panel）（図12
-8）：アクリル・パネルの中に光を通し，表面の塗装をカットアウトして文字
や記号を浮き出すパネル。

(4)　エレクトロルミネッセント・ライト（Electroluminescent Lighting）：二つ
の電極の間に燐の層をサンドイッチした薄板の発光板。

b．**客室の照明**（Passenger Cabin Lighting）

客室の照明には，次のようなものがある。

(1)　天井灯（Ceiling Light）：蛍光灯で客室全体を明るくする。

(2)　入口灯（Entrance Light）：客室の出入口を明るくする。

(3)　読書灯（Reading Light）：乗客の読書のための照明，座席のコントロール・
パネルのスイッチで点灯する。

(4)　緊急避難用照明（Emergency Light）：緊急着陸等で航空機の電源がシャッ
ト・ダウンし，客室の照明が消灯した場合，客室の通路に脱出口を示す指示
灯がある（図12-9）。

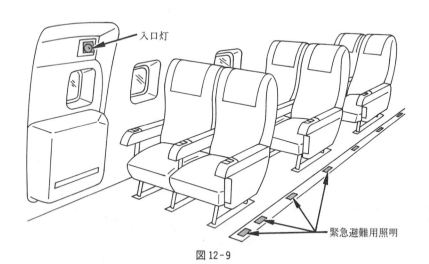

入口灯

緊急避難用照明

図12-9

12-2　エンジン・スタート・システム

12-2-1　スタータ・モータ回路

　図 12-10 はレシプロ・エンジンのスタート・システムである。直流直巻モータの回転を 100：1 の減速ギアでエンジンに伝えて起動する。

　図 12-11 はターボプロップ機のエンジン・スタート・システムである。スタータ・モータは 28 V DC　4 極，複巻型である。

　マスタ・スイッチを「Start」にし，スタータ・スイッチを押すとメーン・スタータ・リレーが「ON」になり，スタータ・モータが回転し，スタータ・スイッチをホールドする。エンジンが始動しスタータ・モータの負荷が軽くなると，オーバスピード・リレーが「OFF」になる。

　エンジンのスタートに失敗した場合は，マスタ・スイッチを「Blow Out」にして残燃料を排出する。

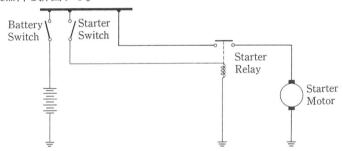

図 12-10　レシプロ・エンジン・スタート・システム

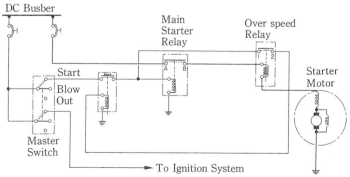

図 12-11　ターボプロップ・エンジン・スタート・システム

12-2-2　イグニション・システム（Ignition System）

a．マグネト・システム（Magneto Ignition System）

　マグネト点火システムは，高電圧方式と低電圧方式がある。マグネトは，永久磁石型交流発電機とオートトランスを一体にしたものである。図12-12は永久磁石が回転するタイプである。永久磁石の回転によって一次コイルに電流が発生すると同時に，コンタクト・ブレーカの開閉によって電流が増大し，その磁束によって二次コイルに高電圧が発生する。さらにコンタクト・ブレーカに並列になっているコンデンサによって，二次コイルの電圧がプラグの放電電圧に達するまでチャージされる。これが高電圧方式である。

　エンジンのシリンダの数が多くなり，また高高度を飛行するようになると，高電圧方式では絶縁不良が発生するので低電圧方式が開発された。低電圧方式と高電圧方式はほとんど同じ構造であるが，点火プラグの近くに昇圧トランスを設置して高電圧ケーブルを短くしたのが低電圧方式である（図12-13）。

　マグネトからディストリビュータを経て昇圧トランスまでを比較的低い電圧にし，昇圧トランスで放電電圧にするので，絶縁不良が起こりにくい。

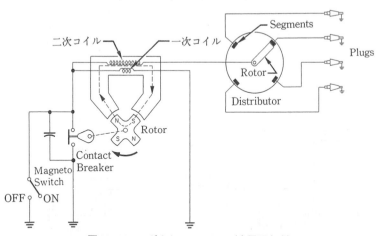

図 12-12　マグネト・システム（高電圧方式）

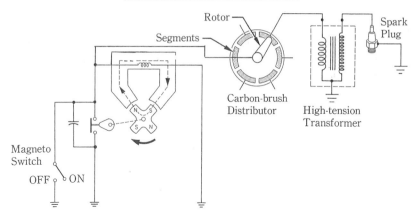

図 12-13　マグネット・システム（低電圧式）

b．タービン・エンジン点火システム

　タービン・エンジンは一度点火するとエンジンが停止するまで燃焼を続ける。従って，点火システムは，エンジン始動時にのみ必要である。しかし，空中で停止したエンジンの始動をする場合もあるので，高エネルギーの点火システムが必要である。通常，タービン・エンジンは二つの点火システムを装備している。一つは間欠型（Intermittent Duty Type）で，エンジン始動に使用する。もう一つは，連続型（Continuous Duty Type）で，着氷や悪気流でフレーム・アウトを防ぐために飛行中も連続的に作動する。

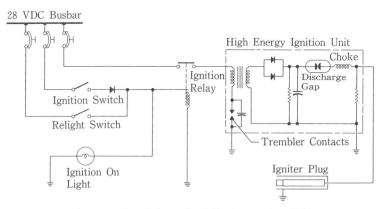

図 12-14　ターボプロップ・イグニション・システム

　イグニション・ユニットの中のディスチャージ・ギャップで高電圧（約2,000 V)に昇圧し，点火プラグへ高電圧を送る。点火プラグの点火面には半導体があり，作動中わずかずつ電流をリークし，点火プラグの表面を加熱する。半導体の熱―抵抗特性によりエネルギーの低抵抗バイパスができるので，点火プラグのエア・ギャップに発生するスパークとともに強い発火エネルギーを生じる。

　図12-14は28 V DCで作動する高エネルギー・イグニション・システム，図12-15は115 V AC電源で働くイグニション・システムの回路図である。図12-16，図12-17は高エネルギー点火プラグの構造を示す。

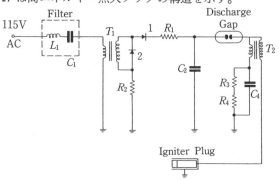

図12-15　ジェット・エンジン・イグニション・システム

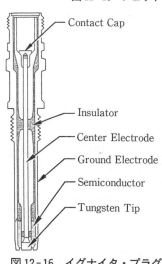

図12-16　イグナイタ・プラグ
（低電圧式）

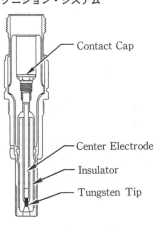

図12-17　イグナイタ・プラグ
（高電圧式）

12-3 防火，消火システム

火災は航空機にとって最も危険なものの一つである。従って，火災の発生を防ぐために，警報装置と消火装置を備えている。

12-3-1 火災警報システム（Fire Detection）

図 12-18 は火災警報システムの回路図である。警報エレメントには，スポット・タイプとワイヤ・タイプがあり，スポット・タイプはサーマル・スイッチを使用する。ワイヤ・タイプは，ステンレスまたはインコネル・チューブの中に温度感知剤とセンタ・エレメントを封入したものである。

温度感知剤は，温度が高くなると抵抗が減少するので，センタ・エレメントの絶縁が低下し電流が流れ「Warning Relay」が作動し，警報灯が点灯してベルが鳴る。受感部の温度が下がるとワイヤ・エレメントの温度感知剤の抵抗が大きくなり，従って，センタ・エレメントの絶縁が元に戻り電流が流れなくなると「Warning Relay」が「OFF」になり，警報灯が消灯し，ベルが停止して，正常な状態に戻る。

ワイヤ・エレメントが切断されていないか，テストするためのテスト・スイッチがある。

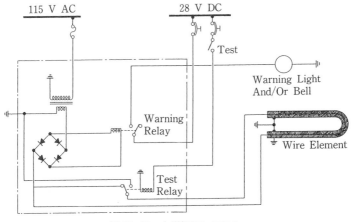

図 12-18 火災探知システム

12-3-2　煙警報システム（Smoke Detectors）

　図 12-19 は煙警報ユニット（Smoke Detector）の外観図である。煙警報ユニットの中には，フォト・ダイオード（Photo Diode）を組み込んだブリッジ回路があり，通常は，プロジェクタ・ランプの光によってフォト・ダイオードの電流でブリッジ回路がバランスしている。煙がフォト・ダイオードを照らす光を遮ると，フォト・ダイオードの電流が減少し，ブリッジ回路のバランスが崩れて警報回路を作動する。

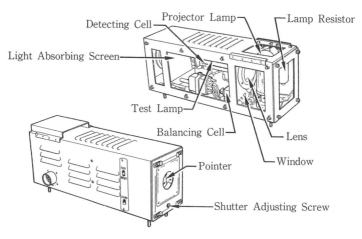

図 12-19　煙探知器

12-3-3　消火システム（Fire Extinguishing）

　エンジン，APU，脚格納室，貨物室には消火剤による消火システムがある。消火剤は高圧ボトルに封入されている。操縦室の「Fire Switch」を操作すると消火ボトルのカートリッジに 28 V DC の電圧が供給され，カートリッジの火薬に点火し，ダイアフラムを爆破して封入されている消火剤がディスチャージされる。

12-4　防氷および除氷システム
(De-icing And Anti-icing System)

翼の前縁，エンジン空気取入口，プロペラ，ピトー管，操縦室窓ガラスには，防除氷システムがある。翼前縁は，除氷ブーツまたはエンジンからの高温空気で除氷する。エンジン空気取入口，プロペラ前縁を電気ヒータで防除氷する航空機がある。

12-4-1　電気ヒータ式防氷・除氷システム

ターボプロップ機は，変動周波数型発電機の電力 (200 Vac) を利用して，プロペラ，スピンナ，およびエンジン空気取入口に電気ヒータを取り付けて防氷するシステムを装備している(図12-20)。プロペラとスピンナへはブラッシとスリップリングを使用して電力を送る。

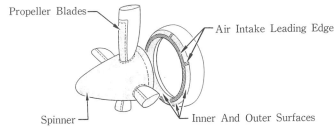

図12-20　プロペラ・エアインテイク・ヒータ・エレメント

　図12-21はターボ・プロップ機の変動周波数型発電機システムの200 Vacによるエンジン空気取入口とプロペラの防除氷システムの回路図である。「連続」と「サイクル」の二つのパターンがあり，空気取入口は「連続」と「サイクル」，プロペラは「サイクル」のパターンでヒータ・エレメントに電流が流れる。

　外気温度が+10℃〜−6℃の時，コントロール・スイッチを「Fast」にする。外気温度が−6℃以下になると，コントロール・スイッチを「Slow」にする。「Fast」はタイム・スイッチの回転がFastとなりヒータ・エレメントに給電する時間が短くなり，「Slow」はタイム・スイッチの回転がSlowとなりヒータ・エレメントに給電する時間が長くなる。航空機が地上にある時は，Landing Gear SW の働きで発電機の発生電圧を低くし，オーバヒートを防止する。

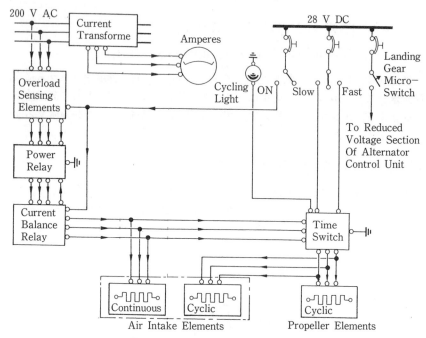

図 12-21　ターボプロップ防氷システム

12-4-2　操縦室ウインド防氷システム

図12-22は操縦室のウインド・シールド防氷システムの回路図である。

　操縦室の窓ガラスは透明なメタル・フィルムがサンドイッチされた構造になっている。メタルは第二酸化錫または金の積層パネルである。熱伝導を速くするために，メタル・フィルムは窓ガラスのアウタ・レイヤ(Outer Glass Layer)の内側にあり，ポリビニール・バチラル・ガラスまたはアクリル板により完全に絶縁してある。

　コントロール・ユニットはブリッジ回路であり，窓ガラスの温度センサの抵抗が温度によって変化すると，ブリッジのバランスが崩れて，アンプリファイアの信号を発生し，ヒータのパワー・コントロール・リレーを励磁し，窓ガラス・ヒータに交流電圧を供給する。

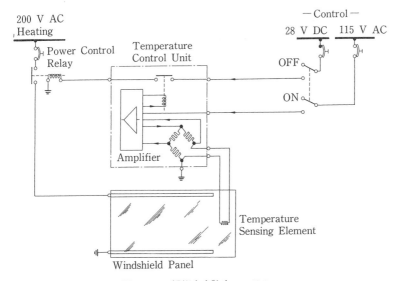

図12-22　操縦室窓防氷システム

12-5　降着装置コントロール・システム

12-5-1　降着装置コントロール（Landing Gear Control）

　航空機の降着装置の上げ，下げは電動モータで格納するタイプ（主として小型機）と，ハイドロアクチュエータで格納するタイプ（大型機）がある。図12-23は電動モータ式の降着装置コントロール・システム回路図である。

　グラウンド・セーフティ・スイッチは，ショック・ストラットに取り付けられていて，航空機が地上にあり，機体の重量でショック・ストラットが縮んだ状態にあるときは，常に「OFF」になっている。航空機が浮上し，ショック・ストラットが伸びるとグラウンド・セーフティ・スイッチが「ON」になる。操縦室のコントロール・スイッチを「UP」にすると，アップロック・スイッチを経て LG リレーを「ON」にし，LG モータが作動する。降着装置が「UP」の状態になると，アップロック・スイッチ（Uplock Switch）が「OFF」になり，LG リレーが「OFF」になる。同時にダウンロック・スイッチ（Down-lock Switch）が「ON」になる。

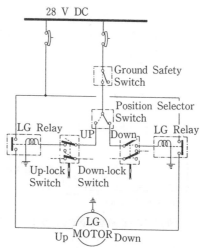

図 12-23　電気モータ式降着装置コントロール・システム

12-5-2 降着装置位置指示システム
(Landing Gear Position Indicating System)

　降着装置位置指示灯は，降着装置が「アップロック（Up-lock)」の位置にあるときは消灯。「ダウンロック（Down-lock)」の位置にあるときは「青(Green)」になり，これら以外の位置にあるときは「赤（Red)」になる。

　図12-24は降着装置位置表示システムの回路図である。この状態は降着装置が「ダウンロック」の位置である。すなわち，アップロック・スイッチは「OFF」，ダウンロック・スイッチは「ON」で「青」灯が点灯している。

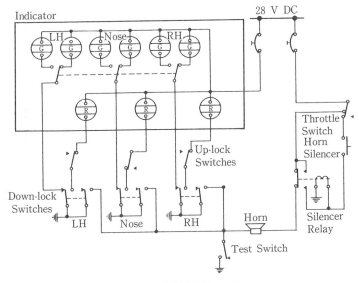

図12-24　脚位置表示システム

注：Up-lock Switch と Down-lock Switch はスイッチを押した状態を「ON」，押さない状態を「OFF」という。

　　Up-lock Switch は「ON」のとき回路は「OPEN」になり，「OFF」のとき回路は「CLOSE」になる。

12-5-3　アンチスキッド・システム（Anti-skid Control System）

　ランディングまたはタキシング中に車輪がスキッドすることがないよう自動的にブレーキをコントロールし，最大制動効果を得るためのシステムである。

　図12-25はアンチスキッド・コントロール・システムの回路図である。車輪に取り付けてあるトランスデューサ（Wheel Transducer）は車輪の回転速度をコントロール・ユニットに送信する。コントロール・ユニットは，車輪のトランスデューサからの信号を解析し，適切なブレーキが車輪に加わるように信号をブレーキ・コントロール・バルブ（Control Valve）に送る。

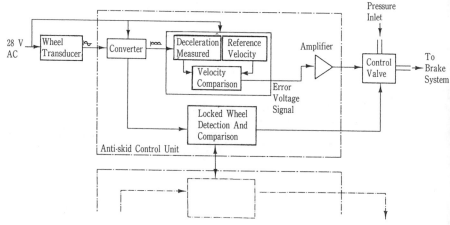

図 12-25　スキッド防止システム

第13章　アビオニクス

　航空機のアビオニクス・システムの発達は著しい。新しい航空機が設計・製作されるごとに，新しいアビオニクス・システムが開発され導入される。

　ここでは，一（二，三）等航空整備士として必要なアビオニクス・システムの概要を述べる。送受信機の内部回路やシステムの理論について知りたい人は，当協会発行の『航空電子入門』および新航空工学講座⑫，⑬『航空電子装備（上），（下）』を併せて読むことをお勧めする。

13-1　基本事項

13-1-1　電波とアンテナ

　電界が変化すると周囲に磁界が発生する，磁界が変化すると電磁誘導によって電界が発生する，このようにして，電磁波（電波）が発生する。電波は光と同じ速さ（3×10^8 m／s）で空中を伝わっていく。

　電波を発生させるために，発信器は電流を変化させる。電流の変化が激しい

表 13-1

波　長	周波数	名　称　と　利　用		
∞〜10〔km〕	0〜30〔kHz〕	電波		VLF（極長波）　オメガ航法
10〔km〕〜1〔km〕	30〔kHz〕〜300〔kHz〕			LF　（長波）　ADF
1〔km〕〜100〔m〕	300〔kHz〕〜3〔MHz〕			MF　（中波）　ADF
100〔m〕〜10〔m〕	3〔MHz〕〜30〔MHz〕			HF　（短波）　HF通信
10〔m〕〜1〔m〕	30〔MHz〕〜300〔MHz〕			VHF（超短波）　VHF通信, VORローカライザ
1〔m〕〜10〔cm〕	300〔MHz〕〜3〔GHz〕		マイクロ波	UHF（極超短波）　ATCトランスポンダ
10〔cm〕〜1〔cm〕	3〔GHz〕〜30〔GHz〕			SHF（センチ波）　DME, グライド・スロープ ウェザ・レーダ
1〔cm〕〜1〔mm〕	3×10^{10}〔Hz〕〜3×10^{11}〔Hz〕			EHF（ミリ波）　電波高度計

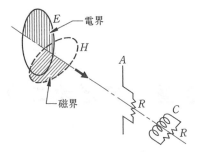

図 13-1　電界型アンテナと磁界型アンテナ

ほど，強い電波が発射される。すなわち，周波数を高くする必要がある。通信に使用される電波は 10〔kHz〕～3,000,000〔MHz〕の電磁波であり，**表 13-1** のように分類している。

　高周波電流から電波を発生させる装置が送信アンテナである。逆に電波の中に **図13-1**のように導線（A）またはコイル（C）を置くと，電波と同じ周波数の電流が発生する。導線（ダイポール・アンテナ）は電波の電界の方向に置く，これを**電界型アンテナ**（E Field Antenna）と呼ぶ。コイル（ループ・アンテナ）は軸が電波の磁界の方向と同じになるように置く，これを**磁界型アンテナ**

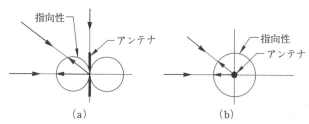

図 13-2　電界型アンテナの指向性

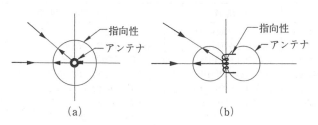

図 13-3　磁界型アンテナの指向性

（*H* Field Antenna）と呼ぶ。

アンテナは，電波の到来方向と相対角度により，発生する電圧が変化する。電界型アンテナの場合は図 13-2 のように，アンテナに平行な面では発生する電圧の強さが 8 字形になり，アンテナに垂直な面では円形になる。これをアンテナの指向性と呼び，円形の場合は無指向性と呼ぶ。磁界型アンテナの場合は図 13-3 のような指向性になる。

13-1-2 変調（Modulation）

人間の耳で聞こえる音は 50～15,000 サイクル／s である。この周波数の電流では強い電波を発信することができないので，高周波電流と音声電流を重ね合わせて電波を発信する。この高周波を**搬送波**（Carrier）と呼び，重ね合わせることを**変調**するという。

a．振幅変調（AM：Amplitude Modulation）

振幅変調は，搬送波の振幅を伝送する信号の振幅に変える方法である。図 13-4 の搬送波は 122.8〔MHz〕，オーディオ・シグナルが 1,000〔Hz〕の場合，オーディオ・シグナルが 1 サイクルする間に搬送波は 122,800 サイクルする。

AM は，VHF Communication および ADF システム，ラジオ放送などに使用されている。

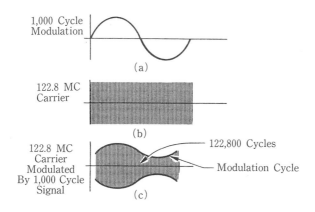

図 13-4　振幅変調

b．周波数変調（FM：Frequency Modulation）

周波数変調は搬送波の周波数を伝送する信号によって変化させる方法である。図13-5 は伝送信号によって搬送波の周波数が変化した図である。搬送波の周波数 122.8〔MHz〕，オーディオ・シグナルが 1,000〔Hz〕の場合，周波数変調してもオーディオ・シグナルの1サイクルの間の搬送波は 122,800 サイクルである。

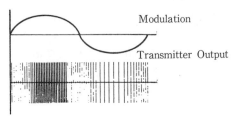

図 13-5　周波数変調

13-1-3　スーパーヘテロダイン受信機

電波を受けたアンテナに発生する高周波電流は微弱であり，この電流から信号を取り出すためには増幅しなければならない。高周波電流の増幅は不安定であること，および増幅，検波を広い周波数帯で行うには，その都度，同期（Tune）しなければならないなどの問題を解決するために，取り扱いやすい周波数に変換して増幅，検波を行う方法が，スーパーヘテロダイン方式（Superheterodyne）である。

図 13-6 はスーパーヘテロダイン受信機のブロック・ダイヤグラムである。アンテナで受信した高周波電流に受信機内の発信器の信号をミックスして，低い

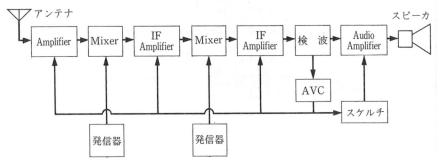

図 13-6　スーパーヘテロダイン受信機のブロック・ダイヤグラム

周波数の電流に変換する。ADF の場合は 450,000 サイクル，VHF の場合は 1,000,000 サイクルに変換する。これを**中間周波数**（IF：Intermediate Frequency）と呼ぶ。この状態で安定した増幅，検波を行うことができる。

a．AVC（Automatic Volume Control）

電波は，発信局の出力が大きいほど強く，また発信局に近づくほど強くなる。このため，近くの強い電波の信号は大きく，遠くの弱い電波の信号は小さくなり聞き逃すことになるので，**自動音量調整回路**（AVC）を設けて，常に一定の音声出力を得られるようにする。

b．スケルチ（SQ：Squelch Control）

発信局からの信号を受信しているときは，AVC により雑音があまり聞こえないが，発信局からの信号が途切れたとき，雑音信号が大きくなって耳障りである。このようなときはオーディオ回路の作動を中断し，一定の強さの信号電波があるときだけ，オーディオ回路を作動させる回路を**スケルチ**と呼ぶ。

13-1-4　半導体素子の機能

アビオニクス・システムは，送・受信機をはじめとして半導体素子で構成されている。半導体素子については「第 I 部　電気の基礎」で説明したので，ここでは半導体素子の機能の概要を述べる。

a．増幅機能

増幅機能を持っている半導体素子はトランジスタである。**図 13-7** のようにエミッタ接地回路で同図(a)のようにコレクタとエミッタの間に電圧を加えただけではコレクタ電流はほとんど流れないが，同図(b)のようにベースとエミッタの間に電圧を加えるとコレクタ電流が流れる。コレクタ電流はベース電流の 10〜100 倍になる。これを電流増幅という。**図 13-8** は電圧増幅回路である。

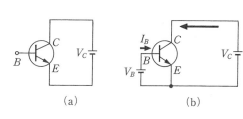

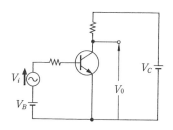

図 13-7　電流増幅回路　　　　図 13-8　電圧増幅回路

b．スイッチ機能

　トランジスタ，FET（電界効果トランジスタ），SCR などは半導体スイッチとして利用されている。図 13-9 はトランジスタ・スイッチの説明図である。ベースに機械的スイッチを入れてあるが，これを電気信号に置き換えることができる。

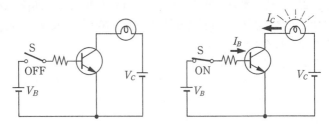

図 13-9　スイッチ回路

c．メモリー機能

　半導体素子の中には，情報を記憶しておき，必要なときに情報を取り出すことができるものがある。これを半導体メモリーと呼ぶ。半導体メモリーには，情報の書き込みと読み出しができる RAM（Random Access Memory）と，情報の読み出しだけができる ROM（Read Only Memory）がある。

(1)　**RAM** には SRAM（Static RAM）と DRAM（Dynamic RAM）がある。SRAM は 1 メモリー・セルに要する素子の数が多いので，いわゆる集積度は低いが高速である。記憶する情報は 0 or 1 であり，記憶するセル（メモリー・セル）が 1 チップに何個あるかを示すために，例えば，64 k ビット（bit）と表現する。DRAM は 1 メモリー・セルの素子数が少なく集積度は高いが，情報を記憶する電荷が放電し，メモリーを維持できないので一定時間内に情報をリフレッシュする必要がある。

図 13-10　EPROM

(2) ROM は読み出しのみのメモリーであり，製造の際，情報を書き込み，以後は情報の書き換えはできない。しかし，EPROM (Erasable Programmable ROM, 図 13-10) は紫外線でメモリーを消去し，ROM ライターで情報の再書き込みをすることができる。また EEPROM (Electricaly Erasable Programmable ROM) は電気的に再書き込みができる。

13-1-5 IC (Integrated Circuit)

IC はトランジスタ，ダイオード，抵抗，コンデンサなどを 1 枚のカードの上に配置し結合して電子回路を構成したユニットである。これに対して，トランジスタ，ダイオード，抵抗などの単一の機能の部品をディスクリート素子と呼ぶ。

a．IC の分類

(1) IC を構成する素子の数により，次のように IC を分類している。
  ① SSI（Small Scale IC）：素子数が 100 以下の IC
  ② MSI（Medium Scale IC）：素子数が 100～1,000 の IC
  ③ LSI（Large Scale IC）：素子数が 1,000～100,000 の IC

(2) IC で取り扱う信号により，次の種類がある。
  ① アナログ IC（Analogue IC）
  ② デジタル IC（Digital IC）

(3) 構造による分類
  ① モノリシック IC（Monolithic IC）：一つのチップにつくられた IC（mono＝1，lithic＝石）
  ② フィルム IC（Film IC）：ガラス，陶器などの基板に金やパラジウム，金属酸化物などの導電材料と抵抗材料を印刷し，高温で焼き付けた IC
  ③ ハイブリッド IC（Hybrid IC）：フィルム IC の上にトランジスタやダイオードを取り付けて回路を構成した IC

(4) 形状による分類
  ① DIP（Dual Inline Package）：両側にピンが並んだムカデ形の IC
  ② SIP（Single Inline Package）：片側にピンが並んだ IC
  ③ ZIP（Zigzag Inline Package）：PIP および SIP のピンがジクザグに並んだ IC
  このほか，SMT（Surface Mount Technology），SOP（Small Outline Package），VSOP（Very Small Outline Package）などがある。

図 13-11　IC のピンの形状

13-1-6　アナログ IC

アナログ IC の信号は連続した線で表されるものである。

a．アナログ IC の内部の主な回路

(1)　**差動増幅回路**：特性の等しい二つのトランジスタのエミッタに定電流源を接続し，ベースに入力電圧 V_1，V_2 を加えると，$V = V_1 = V_2$ のとき，

$$V_0 = V_{01} - V_{02} = 0$$

となるが，$V_1 > V_2$ のとき出力は，次式となる。

$$V_0 = V_{02} - V_{01}$$

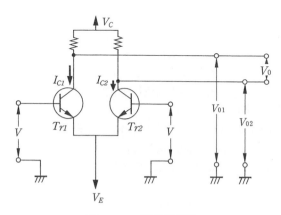

図 13-12　差動増幅回路

(2)　**定電流回路**：トランジスタのベース電圧（V_{BE}）を一定にしておけばコレクタ電流が一定になる性質を利用した回路である。図13-13(a)はトランジスタのベースにダイオードを接続してV_{BE}を一定にしてコレクタ電流を一定にする。同図(b)はトランジスタのベース・エミッタ間のP-N接合を利用してダイオードとしている。

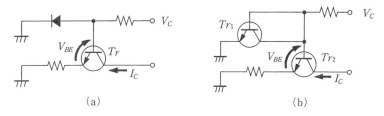

図13-13　定電流回路

(3)　**定電圧回路**：図13-14はダイオードを直列に接続して順方向電圧降下（約0.7 V）を利用して，V_{cc}の電圧が変動してもA点，B点の電位がほぼ一定であることを利用した回路である。

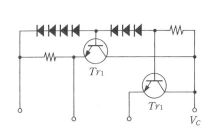

図13-14　定電圧回路

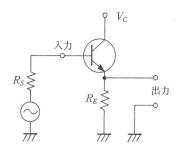

図13-15　エミッタ・フォロワ

(4)　**エミッタ・フォロワ**：図13-15，エミッタ・フォロワは入力インピーダンスが大きく，出力インピーダンスが小さいので，インピーダンス変換に用いられる。

ｂ．オペ・アンプ（演算増幅器）

　アナログICの代表的なものは，オペ・アンプ（Operational Amplifier：演算増幅器）である。オペアンプは，図13-16のような記号で表される。

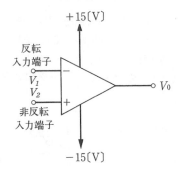

図 13‑16　オペ・アンプ

(1) 加算回路(**図 13‑17**)：反転入力端子に R_1，R_2 を接続すると，入出力の関係式は，

$$V_0 = -\,(R/R_1)\,V_1 + (R/R_2)\,V_2$$

となるので，$R_1 = R_2 = R$ のとき，

$$V_0 = -\,(V_1 + V_2)$$

となり加算される。

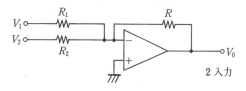

図 13‑17　加算回路

(2) 減算回路 (**図 13‑18**)：反転回路により，

$$V_1' = -\,(R_2/R_1)\,V_1$$

が得られるので，

$$\begin{aligned}V_0 &= -\{(R/R_1)\,V_1' + (R/R_2)\,V_2\}\\ &= -\,(R/R_1)\{(-R_2/R_1)\,V_1\} - (R/R_2)\,V_2\end{aligned}$$

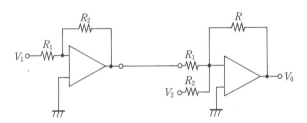

図 13-18　減算回路

$R_1 = R_2 = R$ のとき,

$$V_0 = V_1 - V_2 = -(V_2 - V_1)$$

となり減算できる。

(3) 微分・積分回路（**図 13-19**）：オペ・アンプの微分回路は交流波形の変換やハイ・パス・フィルタ（High Pass Filter）として使用される。積分回路は交流波形の変換，ロー・パス・フィルタ（Low Pass Filter）として使用される。

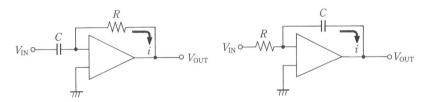

図 13-19　微分回路，積分回路

(4) 対数・指数回路（**図 13-20**）：オペ・アンプとダイオードを組み合わせて対数回路や指数回路をつくることができる。

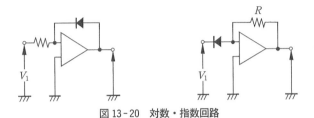

図 13-20　対数・指数回路

13-1-7　デジタルIC

デジタルICの信号は0と1の二つの信号である。例えば，スイッチの「ON」「OFF」のような信号である。これを二値論理という。

デジタルICの電源電圧（V）に対して，

　1 = V　　　（High Level）

　0 = GND　（Low Level）

のように対応させる場合を，正論理。

　1 = GND　（Low Level）

　0 = V　　　（High Level）

のように対応させる場合を，負論理という。

a．2進数

日常の生活で使われる数の表現方法は10進法である。

例えば，123は，

$$123 = 1 \times 10^2 + 2 \times 10^1 + 3 \times 10^0$$
$$\qquad \parallel \qquad\qquad \parallel \qquad\qquad \parallel$$
$$\qquad 100 \qquad\quad 20 \qquad\quad 3$$

すなわち，0から9までの数で各桁を表し，もしその桁の数が10になると桁上げする方法である。

2進法は，各桁を0と1で表し，2は桁上げする方法である。

2進数の1111011は10進数では，次のようになる。

$$1111011 = 1 \times 2^6 + 1 \times 2^5 + 1 \times 2^4 + 1 \times 2^3$$
$$+ 1 \times 2^1 + 1 \times 2^0 = 123$$

①　10進数から2進数への変換

10進数を2進数に変換するには，2で割る。

```
2) 1 2 3      余り
2)   6 1  …… 1
2)   3 0  …… 1
2)   1 5  …… 0
2)     7  …… 1
2)     3  …… 1
       1  …… 1
       └──→ 1
```

10進数の123は，2進数では1111011となる。

② 2進数から10進数に変換

2進数を10進数に変換するには各桁に順次 2^0, 2^1, ……2^n を掛けて合計する。

$$1111011 = 1 \times 2^6 + 1 \times 2^5 + 1 \times 2^4 + 1 \times 2^3$$
$$+ 0 \times 2^2 + 1 \times 2^1 + 1 \times 2^0$$
$$= 64 + 32 + 16 + 8 + 2 + 1 = 123$$

③ 2進数の加減

2進数の加減は，次のようになる。

$$0 + 0 = 0 \qquad 0 + 1 = 1$$
$$1 + 1 = 10 \qquad 10 - 1 = 1$$

(例)

```
   10101            101111
 + 11010          -  10101
 -------          --------
  101111            11010
```

④ 2進数の乗除

2進数の乗除は，次のようになる。

$$0 \times 0 = 0 \qquad 0 \times 1 = 0$$
$$1 \times 0 = 0 \qquad 1 \times 1 = 1$$

(例)

```
      1010                        1010
   ×)  101              101) 110010
   ------                      101
      1010                     ----
     0000                       101
    1010                        101
   -------                      ----
   110010                        101
                                 101
                                 ----
                                    0
```

b．デジタルICの基本となるロジック回路

ロジック回路は「ON」「OFF」の入力信号に対して，「ON」「OFF」の出力を出す回路である。

① NOT回路

入力信号を反転して出力する回路

入 力 (A)	出 力 (X)	シンボル
0	1	A —▷o— X
1	0	

② AND 回路

入力信号のすべてが1のとき出力1となる回路

入 力		出 力	シンボル
A	B	X	
0	0	0	
0	1	0	
1	0	0	
1	1	1	

③ OR 回路

入力が全部0のときのみ出力が0になる。

入 力		出 力	シンボル
A	B	X	
0	0	0	
0	1	1	
1	0	1	
1	1	1	

④ NAND 回路

AND 回路に NOT 回路を接続した回路。入力が全部1のときのみ出力が0になる。

入 力		出 力	シンボル
A	B	X	
0	0	1	
0	1	1	
1	0	1	
1	1	0	

⑤ NOR 回路

OR 回路と NOT 回路を接続した回路。入力が全部 0 のときのみ出力が 1 になる。

入 力		出 力	シンボル
A	B	X	
0	0	1	
0	1	0	A ⌐⊃o— X
1	0	0	B
1	1	0	

⑥ Exclusive OR 回路

入力の一つが 1 のとき出力が 1 になる。

入 力		出 力	シンボル
A	B	X	
0	0	0	
0	1	1	A ⊃⊃— X
1	0	1	B
1	1	0	

c．フリップ・フロップ回路

情報の記憶，パルスの計数などのデジタル回路の中で重要な回路である。フリップ・フロップ回路はクロック・パルス信号と合わせて使用することが多く，これを同期式フリップ・フロップという。

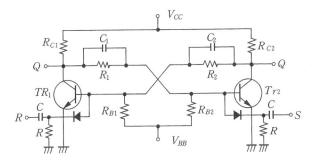

図 13-21　フリップ・フロップ回路

　図 13-21 は RS フリップ・フロップ（Set・Reset）回路を示す。入力端子は S（Set）と R（Reset），出力端子は Q と $\overline{Q}$（$\overline{Q}$ は Q を反転したもの）であり，

　　$S=0$, $R=0$　のとき　Q は変化しない。
　　$S=0$, $R=1$　のとき　$Q=0$ にリセット。
　　$S=1$, $R=1$　のとき　$Q=1$ にリセット。

となる。この回路では $S=1$, $R=1$ の入力はできない。フリップ・フロップ回路にはこのほかに，JK フリップ・フロップ，同期式 T フリップ・フロップ，同期式 D フリップ・フロップなどがある。

13-1-8　IC 取り扱い上の注意

　IC は集積回路であるから大量生産が可能で製造コストが安いこと，接触不良などの故障が少なく信頼性が高い，配線が少なくてすむ，小型，軽量化される，消費電力が小さい，温度に対する安定性が高い等の利点があるが，同時に，コイルがつくれない，出力電圧や電流に制限がある等の欠点もある。特に次の点には注意が必要である。

(1)　静電気に弱い

　静電気や放電などの電気的ショックに注意すること。

(2)　熱に弱い

　高温では IC の動作が不安定になるので使用温度に注意をすること。

(3)　サージ電圧に弱い

　電源を「ON」にするときなどに発生するサージ電圧に弱いので注意すること。

13-2 通信システム（Communication System）

航空機の通信システムには，次のものがある。

(1) VHF 通信システム（Very High Frequency）

(2) HF 通信システム（High Frequency）

(3) 機内通信システム（Interphone）

図 13-22 は旅客機の通信システムのブロック・ダイヤグラムである。図 13-23 は B 767 の通信システム機能図である。

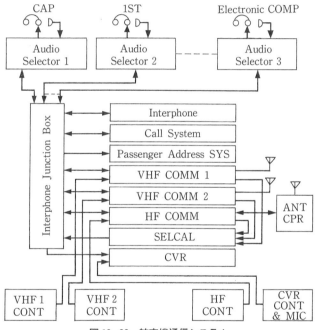

図 13-22　航空機通信システム

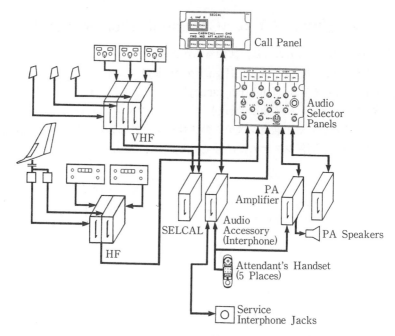

図 13 - 23　B 767 通信システム

13 - 2 - 1　VHF 通信システム
(Very High Frequency Communication System)

　航空機のVHF通信は，VHF（30〜300MHz）のうち，118.000〜135.975
〔MHz〕の電波を25〔kHz〕の間隔で使用する。従って，720チャンネルがある。

　VHF の交信可能な範囲は直視距離以下であり，通常，空港の管制塔と航空機
との間の音声通信に用いられている。

　図 13 - 24 は航空機用 VHF 送受信機の系統図である。マイクから音声信号
は，オーディオ・セレクタ（Audio Selector）を経て送受信機に送られる。オー
ディオ・セレクタは，マイクおよびヘッドホンを他の通信システム（HF，イン
タホンなど）に切り換える装置である。送信と受信に同じ周波数を使用する単
信方式（SCS：Single Channel Simplex）であるから，送信の際はマイクロホ
ンの送信ボタンを押して送話する。ボタンを離すと自動的に受信状態になる。
これを PTT（Press To Talk）方式という。

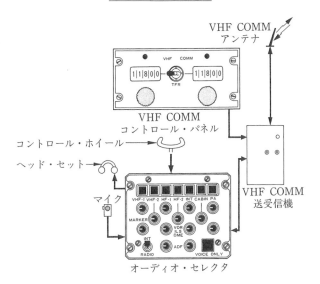

図 13-24 VHF 通信システム

13-2-2 HF 通信システム
(High Frequency Communication System)

HF 通信は，2～30〔MHz〕の電波を1〔kHz〕の間隔で使用するので，28,000チャンネルある。HF は電離層反射波を利用した遠距離通信用であり，国際線の航空機に装備される。HF 通信では振幅変調（AM：Amplitude Modulation）方式で単側帯波（SSB：Single Side Band）通信方式が用いられている（図13-25 参照）。

HF の波長に適したアンテナは相当大きいものになるが，航空機には大きいアンテナは装備できないので，波長に比較して短いアンテナを用いている。また，周波数範囲(2～30 MHz)も広いため，アンテナと送受信機の整合(Matching) のためにアンテナ・カプラ（Antenna Coupler）が使用される。

長時間の飛行の場合,常時,通信システムをモニタするのはパイロットにとって負担になるので，地上からの呼び出し符合を識別してチャイムと表示灯を点滅するセルコール・システム（Selective Calling System）がある。

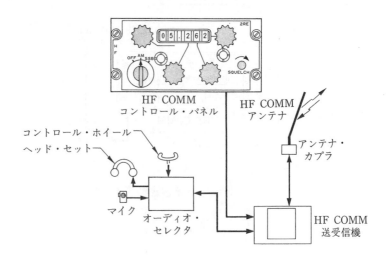

図 13-25　HF 通信システム

13-2-3　機内通信システム

　航空機内の連絡の手段として，次のような機内通信システムがある。機内の通信は有線方式である。

(1)　フライト・インタホン（Flight Interphone）

(2)　サービス・インタホン（Service Interphone）

(3)　コール・システム（Call System）

(4)　パセンジャ・アドレスおよびエンタテイメント・システム（Passenger Address And Entertainment System）

a．フライト・インタホン（Flight Interphone System）

　フライト・インタホンは，オーディオ・セレクタ・パネルを経由して，パイロットと機内の通信システムを連結するシステムである。パイロット同士の通話，または無線航法システムのオーディオ・シグナルの聴取などができる。

　図 13-26 はフライト・インタホン・システムのブロック・ダイヤグラムである。

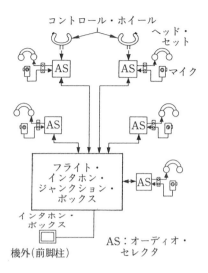

図13-26　フライト・インタホン・システム

b．サービス・インタホン（Service Interphone System）

　サービス・インタホンは客室乗務員席（キャビン・アテンダント：Cabin Attendant）および操縦室を結ぶ機内電話である。ハンドセットを取り，相手方の呼び出しボタンを操作すると通信ができる（図13-27）。

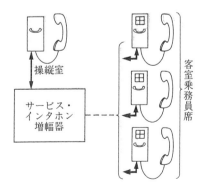

図13-27　サービス・インタホン・システム

c．メンテナンス・インタホン（Maintenance Interphone System）

　整備士同士の連絡のために，機体の各所にインタホン・ジャックがあり，ジャックにイヤホンとマイクを取り付けることにより相互に連絡することができる。図 13-28 はメンテナンス・インタホンのジャック配置を示す。

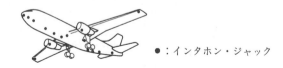

●：インタホン・ジャック

図 13-28　メンテナンス・インタホン・ジャックの配置

d．コール・システム（Call System）

　コール・システムは，相手に連絡するために，呼び出しをチャイムと指示灯で行う。次のような呼び出しができる。

(1)　操縦室 ←→ 地上の整備士
(2)　操縦室 ←→ 客室乗務員
(3)　客室乗務員 ←→ 客室の乗客全員

e．パセンジャ・アドレス（Passenger Address System）

　乗客にスピーカーを通してアナウンスする機内放送システムである。(図 13-29) 通常は，BGM（Back Ground Music）やスチュワーデスからの案内に使用するが，緊急放送のために，次のように優先順位がつけられている。

　　第 1 順位：操縦室からの放送
　　第 2 順位：スチュワーデス（アテンダント）からの放送
　　第 3 順位：BGM, VTR

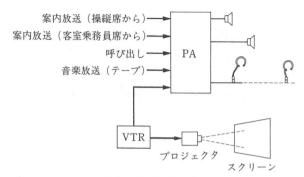

図 13-29　PA システム

f．エンタテイメント・システム（Entertainment System）

　大型旅客機には乗客のサービスのため，音楽番組や映画放映のシステムを装備している。乗客は席の肘掛けのコントロール・パネルにイヤホンを取り付け操作することにより，好みの音楽を聴いたり，映画の音声やTVニュースを聞くことができる。このシステムは時分割パルス多重送信方式（Multiplexer）で，1本の同軸ケーブルで各座席まで伝送している。PAシステムの放送は優先して割り込めるようになっている。

　図13-30はB767のエンタテイメント・システム（Passenger Entertainment System）の配置図である。

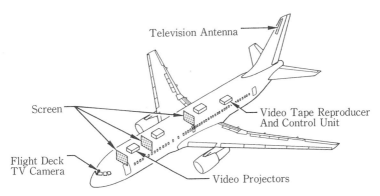

図13-30　B767エンタテイメント・システム

g．機内公衆電話

　航空通信システムとは別に，乗客サービスとしてNTT（日本電信電話㈱）の運用する公衆電話機が搭載されている。航空機電話用地上局が国内6カ所にあり，通信方式などは自動車電話と同じである。無線機は，送信周波数900〔MHz〕，受信周波数940〔MHz〕，1チャンネル，SSB方式である。

13-2-4 デジタル・データ・バス・システム

　航空機のアビオニクス・システムの発達に伴い，機内で電気信号を伝達する電線の量は膨大なものになる。そこで，信号をパルス信号に変換して，1本の電線（データ・バス）でたくさんの信号を送信する時分割パルス多重送信方式（Multiplexer）が導入された。

a．ARINC 429 規格による方式

　ARINC 429 は単方向データ・バスの規格であり，図 13-31 で示すように，1台の送信機から1本の電線で複数の受信機へ複数の種類の信号を送信する方式である。主として客室のエンタテイメント・システムに使用されている。数チャンネル（Max 15）の音楽や落語などを客室のすべての座席に1本の同軸ケーブルで送信する（図 13-32）。

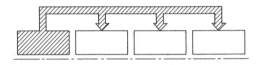

図 13-31　ARINC 429 システム

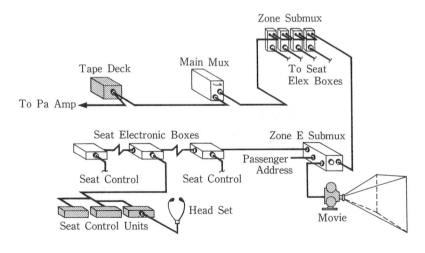

図 13-32　B 747 マルチプレックス・システム

b．ARINC 629 規格による方式

　ARINC 629 は双方向データ・バスの規格であり，複数の装置が 1 本の電線を共用して信号のやりとりができる方式である。ARINC 429 システムでも，図 13-33 (a)のように電線の数が多くなるので，**図 13-33** (b)のような ARINC 629 システムが開発された。

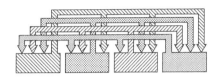

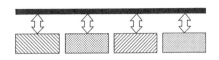

(a)　ARINC 429 システム　　　　　　(b)　ARINC 629 システム

図 13-33

13-2-5　航空機アンテナ

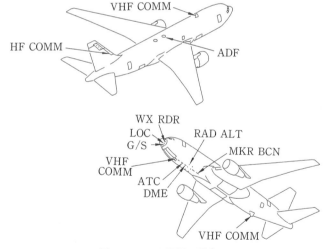

図 13-34　B 767 アンテナ

13-3　無線航法システム

無線航法システムには，次のようなものがある。

(1)　自動方向探知機システム（ADF：Automatic Direction Finder）および無指向性ラジオ・ビーコン（NRB：Nondirectional Radio Beacon）

(2)　超短波全方位無線標識システム（VOR：VHF Omni Directional Range）

(3)　距離測定システム（DME：Distance Measuring Equipment）

(4)　ATC トランスポンダ（ATC Transponder）

(5)　計器着陸システム（ILS：Instrument Landing System）

(6)　オメガ航法システム（ONS：Omega Navigation System）

(7)　電波高度計（Radio Altimeter）

(8)　気象レーダ（Weather Radar）

(9)　TCAS（Traffic Alert and Collision Avoidance System）

(10)　GPWS（Ground Proximity Warning System）

(11)　GPS（Global Positioning System）

図 13-35 は旅客機の無線航法システムのブロック・ダイヤグラムである。

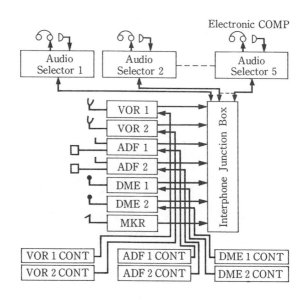

図 13-35　無線航法システム

13-3-1 ADF（自動方向探知機：Automatic Direction Finder）

　ADF（図13-36）のために設置された地上無線局をNDB（Non Directional Radio Beacon）と呼び，200〜415〔kHz〕の範囲の周波数の中の1波が割り当てられ発信している。

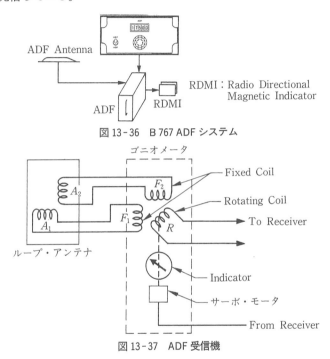

図13-36　B 767 ADF システム

図13-37　ADF 受信機

　航空機は図13-37のループ・アンテナでNDBの信号を受信すると，ループ・アンテナの直交するコイル A_1，A_2 に電流が発生する。コイル A_1，A_2 の電流はループ・アンテナと電波の到来方向との相対関係によって変化する。コイル A_1，A_2 に発生した電流はゴニオメータの固定コイル F_1，F_2 に高周波磁界を発生する。この磁界によりゴニオメータの可動コイル R に発生した電圧はセンス・アンテナに発生した電圧と合成され，100〔Hz〕の可変位相電圧となって二相サーボモータの可変位相コイルに供給される。サーボ・モータはゴニオメータおよびADF指示器の指針を駆動し，NDBのリラティブ・ベアリングを知ることができる。図13-38は航空機のADF指示器の表示を示す。

　NDBの電波は200〜415〔kHz〕であるが，ADF受信機はラジオ放送(535〜1,615 kHz)も受信できる。

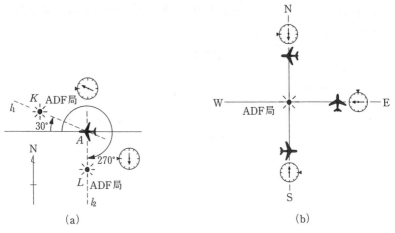

図 13-38　ADF 指示器の指示

ａ．ヘディングとベアリング

(1)　ヘディング

　図13-39の航空機は西北西に向かって飛行している。航空機の進行方向を表す角度は，磁北（同図中のN）から右回りに測った角度（315°）を**磁方位**（Magnetic Heading）と呼ぶ。これに対し，地図上の北（北極点）から測った場合の方向を**真方位**（True Heading）と呼ぶ。

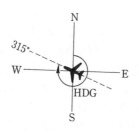

図 13-39　ヘディング

(2)　ベアリング

図 13-40 の航空機は無線局 R の南西の場所を西に向かって飛行している。磁北（同図中の N）から右回りに，無線局 R と航空機を結ぶ直線 l までの角度 $B°$ をベアリング（Bearing）と呼ぶ。また，航空機の進行方向から，右回りに直線 l までの角度 RB をリラティブ・ベアリング（Relative Bearing）と呼ぶ。

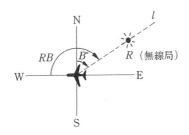

図 13-40　ベアリング

b．TO と FROM

図 13-41 のように磁北（N）から直線 l までの角度は二つある。航空機から無線局 R に向かって引いた直線と磁北（N）の角度を **TO** ベアリング（図 13-41 の場合 45°），無線局 R から航空機に向かって引いた直線と磁北の角度を（図 13-41 の場合 225°）を **FROM** ベアリングと呼ぶ。

TO，FROM を用いる理由は，図 13-42 のように航空機が無線局の右上（地図で見て）にあるか，左下にあるかを明らかにするためである。

A機は 45° FROM 225° TO，B機は 45° TO 225° FROM となる。

図 13-41　TO と FROM

図 13-42　無線局と航空機の位置

13-3-2　VOR（超短波全方向式無線標識：VHF Omni Directional Radio Range）

　VOR 地上局からは 2 種類の信号が発信されている。無指向性アンテナ A_R（図 13-43）からは，航空機がどこで受信しても位相が一定の 30〔Hz〕の信号 (R) が得られるような電波が発射されている。アンテナ A_V は 8 字形指向性であり，かつ毎秒 30 回転しているので，機上で受信すると，VOR 地上局からの方位に応じて，位相が変化した 30〔Hz〕の信号 (V) が得られる。従って，信号 (R) と信号 (V) の位相差を求めると地上局からの方位を知ることができる。

　信号 (R) と信号 (V) の位相関係は

VOR 地上局の真北では　　(V) と (R) は同相
VOR 地上局の真東では　　(V) と (R) より 90°遅れ
VOR 地上局の真南では　　(V) と (R) より 180°遅れ
VOR 地上局の真西では　　(V) と (R) より 270°遅れ

となっている。信号 (R) はどの地点でも同一の位相であり，**基準位相信号**と呼ばれる。信号 (N) は**可変位相信号**と呼ばれる。

　VOR では，航空機は VOR 地上局から，どの方向にいるかを知ることができるが，航空機がどの方向を向いて飛行しているかとは無関係である。

　図 13-44 の航空機 (A) および航空機 (B) は，VOR 地上局からの電波で，135° FROM，135° TO を知ることができる。また航空機 (C) は 315° FROM，135° TO であることを知ることができる。

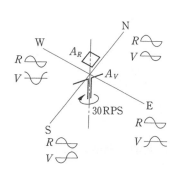

図 13-43　VOR 地上局の電波

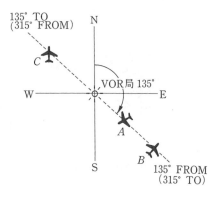

図 13-44　VOR 指示器の指示

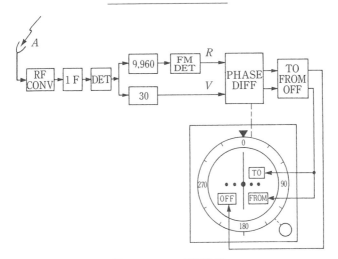

図 13-45　VOR 受信装置

　VOR の電波の周波数は $108.00 \sim 118.00$〔MHz〕で，周波数間隔は 0.1〔MHz〕である。信号(R) は，サブキャリア $9,960$〔Hz〕を 30〔Hz〕で周波数変調したもので，搬送波(VHF)を振幅変調して発信する。信号(V) は信号(R) と同じ搬送波(VHF)を回転アンテナ(毎秒 30 回の回転速度)で発信する。

　この電波を図 **13-45** の VOR 受信機で検波すると，信号(R)で周波数変調されたサブキャリアと信号(V) が得られる。信号(R) と信号(V) の位相を比較して，VOR 地上局からの方位を指示器に表示する。

13-3-3　DME (距離測定装置：Distance Measuring Equipment)

　DME は地上の DME 局と航空機の距離を測定するシステムである。周波数は UHF (960〜1,215 MHz) で，1〔MHz〕のチャンネル間隔を持っており，126 チャンネルが使用されている。どのチャンネルにおいても，航空機からの信号に対する DME 地上局応答信号は 63〔MHz〕の差をつけてある (図 **13-46**)。DME 地上局は，通常 VOR 地上局，または ILS 地上局に併設されていて，VOR 地上局の周波数を選択すれば，自動的に DME の周波数も選択されるようになっている。

　DME 地上局からは常に毎秒約 3,600 個のパルスが UHF で発射されている。航空機の DME インテロゲータ (質問器) は，独自の不規則な間隔のパルスをUHFで発信し，DME地上局ではこの電波を受信すると，毎秒3,600個発信し

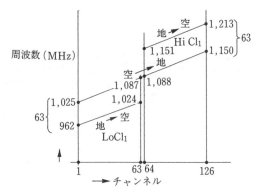

図 13-46　DME の周波数割当て

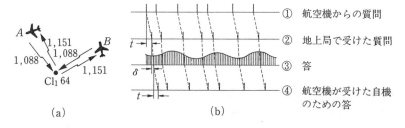

図 13-47　DME の通信方式

ているパルスの一部に受信したパルスを置き換えて，$50〔\mu s〕$の遅れ時間(Delay Time) をおいて応答パルスを発信する。従って，航空機は発信から，

$$\Delta = t + 50\mu s + t$$
$$= 50\mu s + 2t$$

$\quad t$：航空機と地上局間の電波の伝播時間

だけ遅れた応答パルスをつかまえれば，それが自機に対する答えをキャッチしたことになる。

これより，航空機から DME 局までの距離（S）は

$$S = \frac{\Delta - 50\mu s}{2} \times 3 \times 10^8 〔m〕$$

で求められる。

図13-48は B 767 の VOR・DME機能図である。VOR受信機および DME

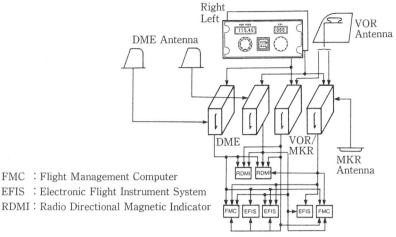

図 13-48　B 767 VOR／DME システム

送受信機からの信号は，**RDMI**（Radio Directional Magnetic Indicator）および **EFIS**（Electronic Flight Instrument System）で表示すると同時に **FMC**（Flight Management Computer）に送られる。

13-3-4　ATC トランスポンダ（ATC Transponder）

航空管制用のレーダは，**PSR**（Primary Surveillance Radar）と **SSR**（Secondary Surveillance Radar）の 2 種類がある。

PSR は，地上局から発射した電波が航空機で反射したものを地上で捕らえて航空機の位置を知るシステムである。

SSR は，地上局から発射した電波を航空機の受信機で受信し，これに応じて航空機の発信機から応答電波を発射し，地上局が受信して航空機の位置などを知るシステムである。

SSR の地上からの送信信号はコード化した**質問パルス**（Interrogation Pulse，またはモード・パルス：Mode Pulse ともいう）で，**図 13-49** のように 6 種類がある。

質問パルスに応答して航空機から発信する**応答パルス**（Reply Pulse，またはコード・パルス：Code Pulse ともいう）は，**図 13-50** のようになっている。F_1，F_2 はパルスの始めと終わりを示すパルスで，常に発信されている。応答パルスは，（A_1，A_2，A_4）$\cdots\cdots$（D_1，D_2，D_4）の四つのパルス群のそれぞれ

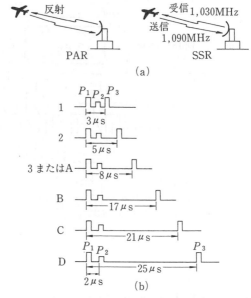

(a)

(b)

図 13-49 トランスポンダ通信方式

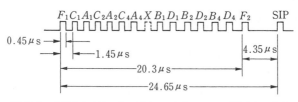

例えば，応答が1,200である場合は，応答パルスの形は次のようになる。

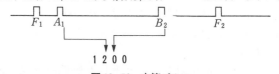

図 13-50 応答パルス

8通りの組み合わせにより，

$$2^3 \times 2^3 \times 2^3 \times 2^3 = 4,096$$

の応答ができる。

　質問パルスがAモードの場合，応答は，航空機の識別を答える。質問パルス

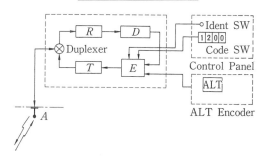

図 13-51　トランスポンダ機上装置

がCモードの場合は，高度を答える。現在は，AモードとCモードのみが使用されている。

　図 13-51 はATCトランスポンダの構成図である。地上局からの質問電波（1,030 MHz）はアンテナ（A）で受信し，Duplexer〔アンテナからの信号は受信機（R）にのみ伝達し，送信機（T）からの信号はアンテナだけに伝達する装置〕から受信機（R）に入る。受信機の出力はモード判別回路（D）で判別され，質問パルスがAモードであれば，操縦室のコード・スイッチからの識別信号でコード化された応答パルスを送信機からアンテナに送り 1,090〔Hz〕の電波で応答する。質問パルスがCモードの場合は，高度エンコーダ（飛行高度をコード化する装置）からの信号による応答パルスを発信する。

　図 13-52 はB 767 のATCトランスポンダ・システムの機能図である。

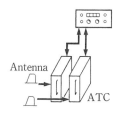

図 13-52　B 767 ATC トランスポンダ・システム

13-3-5　ILS（計器着陸装置：Instrument Landing System）

　ILS は航空機が滑走路に進入する際に適正な進入コースを示す装置であり，ローカライザ受信装置，グライド・スロープ受信装置，マーカ受信装置の三つの装置から構成されている。

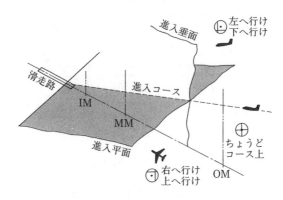

図 13‑53　ILS の指示と飛行機の位置

a．ローカライザ受信装置（Localizer Receiver）

　ローカライザ受信機は，図 13‑53 の滑走路中心線に垂直な平面（進入垂面）に対して，進入中の航空機がどの位置にあるか〔平面から外れているか，あるいは右（左）寄りか〕を示す装置である。図 13‑54 のように 150〔Hz〕および 90〔Hz〕で変調された電波が発射されており，両方の信号（150 Hz および 90 Hz）が同じ強さで受信されるときは，進入垂面内にあり，150〔Hz〕の信号が強く受信されるときは進入垂面より右側にずれている。

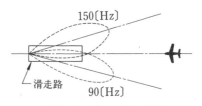

図 13‑54　ローカライザ

b．グライド・スロープ受信装置（Glide Slope Receiver）

　グライド・スロープ受信機は，図 13‑55 の進入平面に対して航空機がどのような位置にあるかを示す装置である。もし 150〔Hz〕の信号が強く受信される場合は，進入平面から下にずれている。図 13‑56 は ILS 受信機と指示を示す。

　ローカライザに割り当てられた電波は 108.10～111.90〔MHz〕の間の小数第 1 位が奇数の電波（20 波）である。グライド・スロープの電波は329.30～335.00〔MHz〕の UHF の 20 波が割り当てられていて，表 13‑2 のようにローカライザとグライド・スロープの電波の周波数は組み合わせになっている。

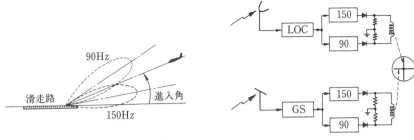

図 13-55　グライド・スロープ　　　　　13-56　ILS 受信装置

表 13-2

LOC	GS	LOC	GS
108.1MHz	334.7MHz	110.1MHz	334.4MHz
108.3	334.1	110.3	335.0
108.5	329.9	110.5	329.6
108.7	330.5	110.7	330.2
108.9	329.3	110.9	330.8
109.1	331.4	111.1	331.7
109.3	332.0	111.3	332.3
109.5	332.6	111.5	332.9
109.7	333.2	111.7	333.5
109.9	333.8	111.9	331.1

c．マーカ受信装置（Marker Receiver）

　滑走路中心線の延長上で，滑走路端から一定の距離の点に上向きに 75〔MHz〕の電波が発射されている。進入時にこの電波を受信すると，滑走路からの距離が分かる。

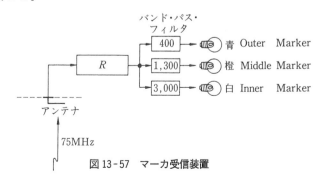

図 13-57　マーカ受信装置

アウタ・マーカ（Outer Marker）では 400〔MHz〕, ミドル・マーカ（Middle Marker）では 1,300〔MHz〕, インナ・マーカ（Inner Marker）では 3,000〔Hz〕で変調されている。

マーカ受信機の出力は図 13-57 のように, 400〔MHz〕, 1,300〔MHz〕, 3,000〔MHz〕のバンド・パス・フィルタを通って, 青色灯, 橙色灯, 白色灯を点灯する。また, マーカ受信機の出力は, 音声信号も発生し, オーディオ・システムに供給する。

図 13-58 は, B 767 の ILS 機能図である。ILS 受信機からの信号は EFIS (Electronic Flight Instrument System) の EADI (Electronic Attitude Director Indicator) で表示される。

図13-59 は, ILSのカテゴリとランウエイ・ビジュアル・レンジとディシ

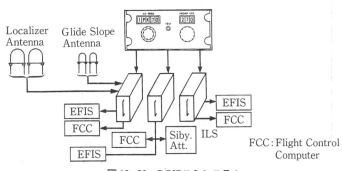

図 13-58　B 767 ILS システム

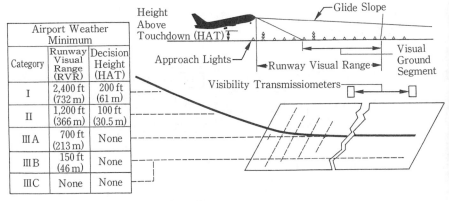

Category	Runway Visual Range (RVR)	Decision Height (HAT)
I	2,400 ft (732 m)	200 ft (61 m)
II	1,200 ft (366 m)	100 ft (30.5 m)
IIIA	700 ft (213 m)	None
IIIB	150 ft (46 m)	None
IIIC	None	None

図 13-59　ILS (Instrument Landing System)

ジョン高度を示す。

13-3-6　オメガ航法装置（Omega Navigation System）

オメガは VLF（Very Low Frequency，0〜30 kHz）のうち，10〜14〔kHz〕の電波を利用し，飛行中の航空機の位置を知る装置である。低い周波数の電波は遠くまで到達し，電波の位相も比較的安定しているので，**図 13-60** に示す 8 カ所のオメガ送信局からの電波により，地球上の全域で位置の測定をすることができる（**表 13-3** 参照）。

オメガ局は 10.2〔kHz〕，11.33〔kHz〕，13.6〔kHz〕の三つの電波を，約 1 秒間ずつ，0.2 秒の間隔をおいて，計 10 秒の周期で発信している。（**図 13-61** 参照）。

航空機のオメガ受信機には，オメガ局の電波と同位相の信号を発生する発振器

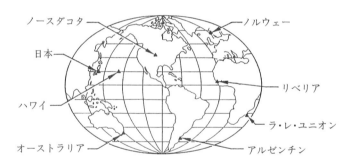

図 13-60　オメガ送信局

表 13-3

局の識別	所在地	発信周波数
A	Norway	12.1 kHz
B	Liberia	12.0 kHz
C	Hawaii	11.8 kHz
D	North Dakota	13.1 kHz
E	La Reunion	12.3 kHz
F	Argentina	12.9 kHz
G	Australia	13.0 kHz
H	Japan	12.8 kHz

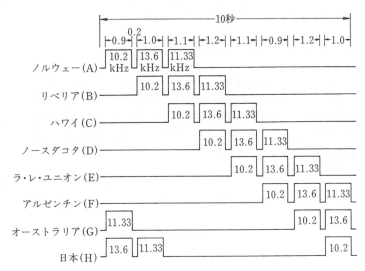

図 13-61　**オメガ局の送信フォーマット**

を内蔵しており，受信したオメガ局の信号との位相差を検出してオメガ局まで
の距離を計算することができる。すなわち，位相差はオメガ局から航空機まで
の電波の到達時間によって生じるものであり，波長が分かっているので次式に
より距離を計算する。

$$\frac{\text{位相差}}{360°} \times \text{波長} = \text{距離}$$

距離が 1 波長になると，位相差が 0 になる。この位置を連続した線を**レーン**
（Lane）と呼ぶ。位相差が 0 になる点（レーン）を通過するたびに，カウントす
る（**図 13-62** 参照）。カウント数が n のとき，距離は，

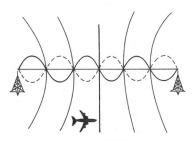

図 13-62　**オメガ航法のレーン**

$$n \times 波長 + \frac{位相差}{360} \times 波長 = 距離$$

となる（例えば，10.2 kHz の波長は 29.4 km）。

二つのオメガ局からの距離を測定して現在位置を求める方式を**円方式**（または $\rho - \rho$ 方式）と呼ぶ（図 13-63 参照）。

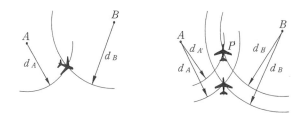

図 13-63　円方式

二つのオメガ局（ H と C ）からの距離の差を計測し，さらに別の二つのオメガ局（ C と D ）からの距離の差を計測する。そして，それぞれの双曲線の交点を求めて現在位置を求める方式を**双曲線方式**と呼ぶ（図 13-64 参照）。

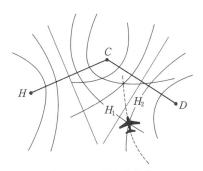

図 13-64　双曲線方式

13-3-7　電波高度計（Radio Altimeter）

電波高度計は，航空機から下向きに電波を発射し，地表または海面で反射した電波を検出して高度を測定する装置である（図 13-65 参照）。電波高度計には，パルス方式と FM 方式がある。

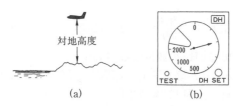

図 13-65　電波高度計の指示

a．パルス方式

　パルス方式の電波高度計は，パルス発生器（P）で発生する毎秒約 10,000 個のパルスを搬送波〔GHz〕に送らせて送信アンテナ（T_A）より地表に向けて発射し，反射した電波を受信アンテナ R_A で受信する。時間差計測器（C）では送信パルス（P_T）と受信パルス（P_R）の時間差を計測し，この時間差を距離に換算して，電波高度指示器に表示する（図 13-66 参照）。

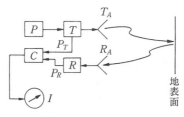

図 13-66　パルス方式

b．FM 方式

　FM方式の電波高度計は，三角波発生器（G）で発振した三角波で搬送波を周波

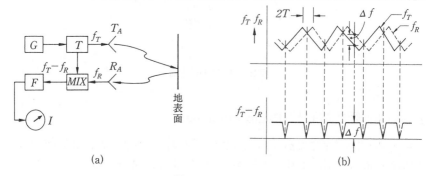

(a)　　　　　　　　　　　　　(b)

図 13-67　FM 方式

数変調した電波を，送信アンテナ（T_A）から発信し，地表（または海面など）で反射された電波を受信アンテナ（R_A）で受信する。送信波と受信波の周波数差を検出し距離に換算して高度指示器で表示する（**図 13-67** 参照）。

13-3-8　気象レーダ（Weather Radar）

　航空機の気象レーダは，機首に取り付けられたアンテナから鋭い指向性のある電波を発射し，前方にある，雲，雨，などからの反射波を検知し，前方 300 マイルまでの状況を知ることができる。

　気象レーダには，Cバンド（周波数 5.4 GHz）とXバンド（周波数 9.4 GHz）の2種類がある。現在の航空機に装備されている気象レーダは，周波数 9,345〔MHz〕のXバンドである。

　図 13-68 のアンテナ（A）は，パルス状の電波を毎秒 100〜200 回発射しながら左右に振っている。この図はアンテナが右方向 α を向いている瞬間である。電波を反射する物体 P と Q からの反射波によりレーダ・スコープ（I）に発光による形状を表示する。

　アンテナはパラボラ型（Parabola）とフラット型（Flat Plate）がある。レーダ・スコープに反射波の強さをコントラスト（Contrast）で表示するタイプと，カラー（Color）で表示するタイプがある。カラー・インジケータは反射電

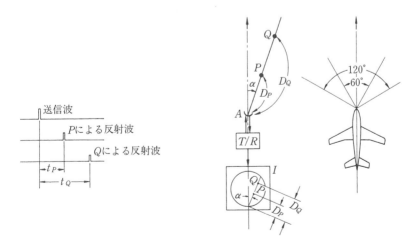

図 13-68　ウエザ・レーダの指示

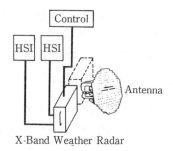

図 13 - 69　B 767 ウエザ・レーダ・システム

波の強さに応じて，赤，黄，緑で表示する。

　図 13 - 69 は B 767 のウエザ・レーダ・システム機能図である。B 767 は EHSI にレーダの映像を映す。従って，独立したウエザ・レーダ・インジケータは装備していない。

　ウエザ・レーダ・アンテナと，ILS アンテナは図 13 - 70 に示すように，機首に装備してある。B 767 のウエザ・レーダ・アンテナは，フラット型である。

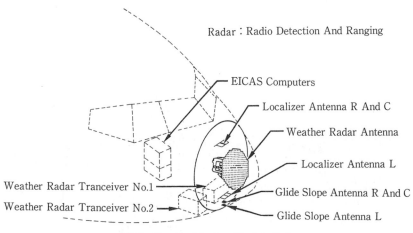

図 13 - 70　ウエザ・レーダ・アンテナ

13-3-9　TCAS（Traffic Alert And Collision Avoidance System）

　TCAS は航空機の空中衝突を防止するための警報装置である。ATC トランスポンダの電波（1,030 MHz）を利用して航空機同士が質問と応答をし，衝突を回避する警報と指示をする。従って，ATC トランスポンダを装備した航空機でないと機能しない。

　TCAS には次の三つのタイプがある。

TCAS-Ⅰ：近接した航空機までの距離と方位を表示する。近接機の ATC トランスポンダがモードＣまたはモードＳの場合は高度も表示する。これを**トラフィック・アドバイサリ**（Traffic Advisory）という（図 13-71 参照）。

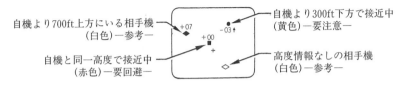

図 13-71　トラフィック・アドバイサリ

TCAS-Ⅱ：モードＳトランスポンダを装備した航空機同士の場合，トラフィック・アドバイスの表示と音声による警告，および上下方向の回避の指示と音声警告（リゾリューション・アドバイサリ：Resolution Advisory）をする（図 13-72 参照）。

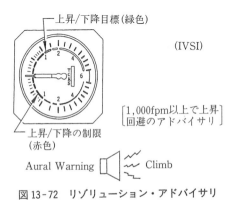

図 13-72　リゾリューション・アドバイサリ

TCAS-Ⅲ：水平方向のリゾリューション・アドバイスが可能となる。

　TCAS プロセッサ（TCAS Processor）は 1 秒間に 1 回 "All Call" を発信する。モード C またはモード S の ATC トランスポンダを装備した航空機は "All Call" を受信すると高度情報を返信する。TCAS プロセッサは "All Call" 発信から返信を受信するまでの時間を計測し，距離と方向を計算する。また高度と距離の変化率を常時モニタする。

13-3-10　GPWS（Ground Proximity Warning System）

　航空機が異常に地上に接近した場合に，警報を発するシステムである。図 13-73 は GPWS のブロック・ダイヤグラムである。GPWS コンピュータは，RA（電波高度計），ADC（Air Data Computer），ILS（グライド・スロープ・レシーバ：G／S Receiver），Logic L／G Switch，Flap Switch，IRS（Inertial Reference System）からの信号により，次の状態が発生した場合，音声と警報灯でパイロットに回避操作を指示する。

　モード 1：気圧高度の降下率が過度になった場合
　モード 2：地上へ異常に接近した場合
　モード 3：離陸のとき，高度が低下した場合
　モード 4：正常な着陸態勢でない場合
　モード 5：グライド・パスより下方にずれた場合

図 13-73　B 767 GPWS 機能図

13-3-11　GPS（Global Positioning System）

　GPS は，人工衛星（NAV・STAR）から発信される「NAV・STAR の位置情報」と「そのときの時刻」を受信し，受信者の地球上の位置を求める航法システムである。

　NAV・STAR は地球上 20,200〔km〕の距離の三つの円軌道に 8 個ずつ計 24 個が周期 12 時間で回っている。三つの円軌道は 63°で交錯している。NAV・STAR の発信する電波は二つの L-BAND の周波数（1,575.4 MHz，1,227.6 MHz）である。NAV・STAR は常に軌道上の位置と時刻を発信しているので，航空機は，受信機内の時計の時刻と NAV・STAR の時刻情報との時間差から，NAV・STAR と航空機との間の距離を計算し，NAV・STAR から一定の距離の球面上にいることが分かる。同じように他の 3 個の NAV・STAR からの距離を求め，四つの球面が交錯する位置を求めることにより，航空機の三次元の位置を知ることができる（図 13-74 参照）。

　NAV・STAR から航空機までの距離（R）は

$$R = T \times 3 \times 10^8$$

T は，電波が NAV・STAR を出発して航空機に届くまでの時間である。実際には NAV・STAR の基準時間に対して，受信機の時計には誤差（$\varDelta t$）があるので，

$$\varDelta R = \varDelta t \times 3 \times 10^8$$

の誤差がある。

　GPS の精度は，三次元位置で 100〔m〕以内である。

図 13-74　NAV・STAR

13-4　慣性航法システム
（INS：Inertial Navigation System）

慣性航法システムは，水平なプラットフォーム（Stable Platform）の上に取り付けられた 2 個の**加速度計**（Accelerometer）により，東西方向および南北方向の加速度を測定し，これを積算して出発点からの移動距離を求め，緯度と経度で表示する航法システムである（**図 13-75** 参照）。

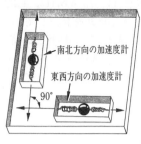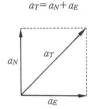

$$a_T = a_N + a_E$$

a_N：南北方向の加速度
a_E：東西方向の加速度
a_T：実際の飛行機の加速度

図 13-75　INS の原理

13-4-1　プラットフォーム方式

ジャイロ・スコープ（Gyro Scope）により，プラットフォームを水平位置に保ち，プラットフォームの上に東西方向の加速度計と南北方向の加速度計を取り付けたものを，**プラットフォーム方式**と呼ぶ。プラットフォームに取り付けられた加速度計は航空機の加速度のほかに，

(1)　地球の自転による加速度
(2)　自転している地球上で運動するために生じるコリオリの力
を感知するので，これらを修正する必要がある。
　加速度計の出力は次式で表すことができる。

$$加速度計の出力 = \frac{dV}{dt} + 2\omega V - g$$

V：航空機の速度〔m／s〕
t：時間〔s〕
w：地球の自転率〔rod／s〕
g：重力の加速度〔m／s²〕

図 13-76 はプラットフォームを，真北（True North），水平（Vertical）に

保つための INS ジンバル・リング (Gimbal Ring) である。

ジンバルは互いに直交する三つの自由軸 (Az軸，N軸，E軸) を持ち，それぞれの軸に一致するように，加速度計とジャイロ (Rate Gyro) の軸 (Input Axis) をセットしてある。

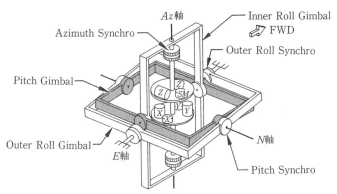

図13-76　INS ジンバル・システム

ａ．重力加速度の排除

INS をスタートすると，まず重力の加速度の影響を除去するために，N加速度計とE加速度計の出力が0になる位置までプラットフォームを傾ける。この状態が水平位置である。

ｂ．地球自転率 (Earth Rate) の補正

水平になったプラットフォームは地球の引力により，時間の経過につれてドリフト (Drift) する。地球自転率は Az ジャイロとNジャイロにより検知しプラットフォームの位置を補正する。

ｃ．ジャイロ・コンパス (Gyro Compassing)

水平(Leveling)になったプラットフォームでE ジャイロの検知する地球自転率 (Earth Rate) は「0」である。つまり，E ジャイロが検知する地球自転率が「0」になる位置にプラットフォームを置いたとき，プラットフォームの方位は，真北 (True North) になる。

> 注：この性質を利用して計算で磁北を求めれば Flux Valve が不要になる。最近の航空機は Flux Valve を装備していない。

d. 移動率の補正 (Transport Rate Compensation)

　ジャイロは宇宙空間に対して，常に，一定の姿勢を保とうとする。一方，プラットフォームは水平，すなわち**地心線**（地表と地球中心を結ぶ線）に直交する平面と平行でなければならない。従って，プラットフォームの姿勢を補正する必要がある。また，ジャイロも固有の誤差を持っている。これらの補正は，シューラの振り子の原理を応用する。

e. シューラの振り子

　プラットフォームが加速度を持っていないときは，水平を保つために必要な地心線の方向は静止した振り子の指す方向である。しかし，プラットフォームが加速度を持って移動しているときには，振り子は地球の中心を指示しない。もし振り子のひもの長さを地球の半径と同じ長さにするならば，振り子の支点がどのような運動をしても，振り子は常に地心線と同じである（図13-77参照）。

図 13-77　シューラの振り子

　振り子の周期（T）は

$$T = 2\pi \sqrt{\frac{I}{g}}$$

　　　T：周期　　　I：振り子のひもの長さ　　　g：重力の加速度

であるから，いま I を地球の半径 6,300〔km〕とすると，T は84.4〔分〕となる。従って，プラットフォームが地球中心を支点とする振り子になるように84.4〔分〕の周期で振動しているならば，プラットフォームは常に水平である。

f．コリオリの加速度（Coriolis Acceleration）の補正

　回転体の上で移動する物体は偏向力を受ける。北へ向かって飛行する航空機は，北半球では東側に，南半球では西側に偏向される。この**コリオリの力**に等しい補正をコンピュータで実施する。

13-4-2　ストラップ・ダウン方式（Strap Down）

　ストラップ・ダウン方式は，プラットフォームを使用せず，加速度計とジャイロを直接，機体に取り付け，コンピュータの計算により，理論的に補正を行う方式である。プラットフォーム方式に比べて機械部分が少ないので，軽量で，保守が容易であるが，機体の動きの角速度を直接検出することになるので，精度が高く測定範囲の広い**レート・ジャイロ**（Rate Gyro）と，高速度のデジタル・コンピュータ（Digital Computer）が必要である。**レーザ・ジャイロ**とマイクロ・コンピュータが開発されたことにより，B 767 以降の航空機はストラップ・ダウン方式になった（図 13-78 参照）。

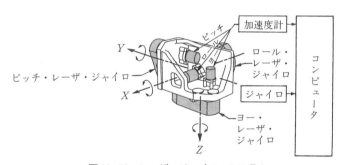

図 13-78　レーザ・ジャイロ・システム

13-4-3　レーザ・ジャイロ（Laser Gyro）

a．レーザ光

　ガラス管の中に**ネオン**（Neon）**原子**を封入し，このネオン管の両端に電極を設け，高電圧を加えると，（－）電極から電子が飛び出し，（＋）電極に向かって加速されながら移動する。移動中の電子はネオン原子に衝突し，ネオン原子を励起する〔ネオン原子は電子との衝突によりエネルギーを得る。これを**励起**（Pumping）という〕。励起状態のネオン原子は不安定な状態であり，安定した状態に戻るときエネルギーを光として外に放出する。この光はエネルギー・レ

ベルに応じた一定の周波数を持った単色性の光であるために，直進性，集光性があり，位相がそろっているので干渉現象が起こりやすい性質を持っている。

　励起状態にある原子に，その原子から発生する光と同じ周波数の光を与えると，これに刺激されて同じ周波数の光を放出する。この現象を「**光の誘導放出**」という。励起された原子と安定状態の原子があるとき，励起された原子の一つが発光すると，この光に刺激されて光の誘導放出が始まり，励起されていない原子が光を吸収する量よりも光の誘導放出が多くなると光はどんどん強められる。これを「**光の増幅**」という。

　レーザ（Laser）は，Light Amplification by Stimulated Emission of Radiation（誘導放出による光増幅）の頭文字である。

b．レーザの種類

　レーザには，気体レーザ，液体レーザ，固体レーザ，および半導体レーザなどがある。

　気体レーザには，He-Ne レーザ，Ar レーザ，CO_2 レーザなどがある。連続性のある干渉性の優れたレーザ光を発生するので，レーザ・ジャイロやレーザ・メスなどに使用される。航空機のレーザ・ジャイロには He-Ne レーザが使用されている。

　半導体レーザは，P型半導体とN型半導体を接合し，P型からN型へ電流を流すと接合面に正孔と電子が集まり，正孔と電子が結合するとき誘導放出が起きてレーザ光が発生する。半導体から発振されるレーザ光は赤外部分の波長であり，光ファイバを通るとき減衰が少ないので，光ファイバを使って光通信などに利用される。光ファイバ・ジャイロもある。

c．リング・レーザ・ジャイロ

　リング・レーザ・ジャイロは **図13-79** のような石英のブロックでできた三角形の環状の光路に，右回りと左回りに互いに逆方向に進行するレーザ光を発振させる。このレーザ光はコーナーで反射鏡により反射されて受感部に到達する。ジャイロが回転すると，進行方向の異なるレーザ光の光路の長さに差が生じ周波数に差が生じるので干渉縞ができる。この干渉縞を解析して，レーザ・ジャイロの回転角速度と回転方向を読み取る。

$$\varDelta f = \varDelta L \frac{f}{L} = 4A \frac{\omega}{\lambda L} \ \text{〔Hz〕}$$

　　L：光路長　　　　　　　ω：ジャイロの回転角速度　　　f：周波数
　　λ：レーザ光の波長　　　A：光路の面積

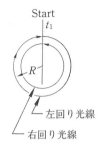 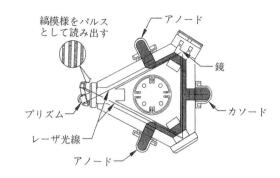

図13-79　リング・レーザ・ジャイロ

ｄ．光ファイバ・ジャイロ

　光ファイバ・ジャイロは，リング・レーザ・ジャイロのような重い石英ブロックやミラーの超精密加工等が不要となるので，小型，軽量，低価格になる。光源からの光は，ビーム・スプリッタで光ファイバ・コイルを右回りと左回りに分割され，再びビーム・スプリッタを経て受光素子に達する。この光ファイバ・コイルを角速度 ω で回転すると，右回り光と左回り光の間に位相差 $\varDelta\phi$ が生じる。

$$\varDelta\phi = 4\pi RL\,\frac{\omega}{C\lambda}$$

　　R：光ファイバ・コイルの半径
　　L：光路長
　　C：光速
　　λ：レーザ光の波長

　この位相差より，ジャイロの回転角速度を求めるものである。次世代のジャイロである。

13-5　FMS（Flight Management System）

13-5-1　FMS

　FMS は，飛行計画，飛行性能の管理，ナビゲーションおよび誘導，オートパイロット，エンジン，スラスト・コントロール，データおよび情報の表示，注意報および警報の表示などを自動的に行うデジタル・コンピュータ・システムである。

　図 13-80 は B 767 の FMS 機能図である。B 767 の FMS は，次のサブシステムの連結によって構成されている。

(1)　FMC（Flight Management Computer）
(2)　FCC（Flight Control Computer）
(3)　TMC（Thrust Management Computer）
(4)　IRU（Inertial Reference Unit）
(5)　ADC（Air Data Computer）
(6)　Radio Sensor（ADF, ILS, RA, VOR, DME, WX Radar）
(7)　EICAS（Engine Indication And Crew Alerting System）

13-5-2　FMC（Flight Management Computer）

　FMC は，FMS の中心となるコンピュータであり，次のような機能を持っている。

(1)　飛行計画・飛行ルートの設定
(2)　オートパイロットおよびフライト・ディレクタの作動の指示
(3)　最少燃料消費となる上昇，巡航，降下の速度，エンジン出力の設定
(4)　VOR／DME の自動選局
(5)　ADF, ILS, VOR, DME の信号に基づき INS を修正する
(6)　ベアリング／レンジ，緯度／経度，ウエイ・ポイントおよび大圏コースの指定と高度の計算

　飛行計画データのインプットと表示は CDU（Control Display Unit）で行う。また，飛行ルート，ウエイ・ポイントなどの表示は，EHSI（Electronic Horizontal Situation Indicator）に表示される。図 13-81 は B 767 の操縦室の計器盤と CDU と FMC の設置位置を示す。また，図 13-82 は離陸から着陸までのフライト・パターンと FMS の機能の関係を示している。離陸の前に飛行計画

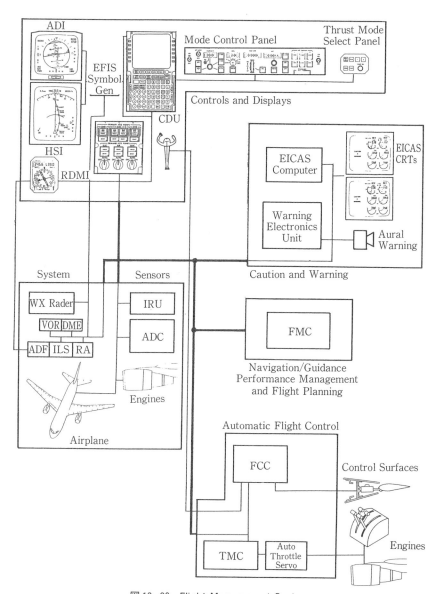

図 13-80　Flight Management System

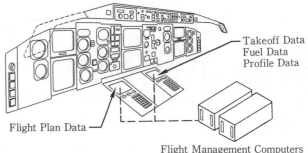

図 13-81　Flight Management Computer System

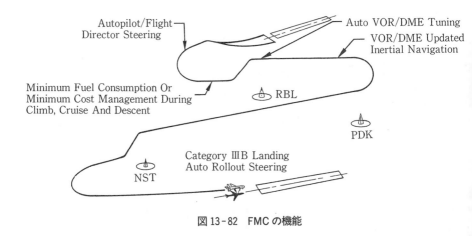

図 13-82　FMC の機能

データを CDU からインプットしておくと，飛行計画に基づき，自動的に最も経済的なフライト・パターンを描き，飛行を終了する。

13-5-3　FCC（Flight Control Computer）

　FCC はオートパイロットのためのコンピュータである。FMC（Flight Management Computer），TMC（Thrust Management Computer），IRS（Inertial Reference System），ADC（Air Data Computer），RA（Radio Altimeter），ILS（Instrument Landing System）からの信号を受けて，エレベータ・サー

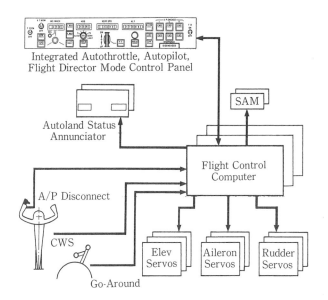

図 13-83　Flight Control Computer System

ボ，エルロン・サーボ，ラダー・サーボを作動する。図 13-83 は B 767 の FCC
の機能図である。

13-5-4　EEC（Electronic Engine Control）

　デジタル電子式燃料コントローラは非常に精密な燃料のコントロールができ
る。従って，フル・スロットルの位置でもエンジン・オペレーション・リミッ
トを超過することなく，フルパワー運転が可能である。

　EEC（図 13-84 参照）は，エンジンの空気取入口の温度（T_{t2}）と空気圧力
（P_{t2}），エンジン・ブリードの状態および ADC（Air Data Computer）のパラ
メータの入力信号を統合解析して，燃料管制器のトリム・モータへ作動信号を
送る。

　エンジンからはフィード・バック信号として RPM, EPR, EGT がコントロー
ラへ送信され，オーバシュートやアンダーシュートすることなく，エンジン・
パワー・セッティングが行われる。

図 13-84　Electronic Engine Control Unit

13-5-5　TMC（Thrust Management Computer）

TMC は, IRS, FMC, ADC, EEC およびエンジンの各センサからの信号を統合解析してスラスト・リミットを計算し, オートスロットル・コントロールを Inspeed Thrust Mode の状態に保持する。

図 13-85 は B 767 の TMC システム機能図である。次のような機能を持っている。

(1)　スラスト・リミットの計算
(2)　スラスト・リミット・コントロール
(3)　IAS／Mach コントロール
(4)　自動着陸フレア
(5)　オーバスピード・プロテクション
(6)　オーバブースト・プロテクション
(7)　ミニマムスピード・プロテクション
(8)　最大速度プロテクション

EICAS CRT に 図 13-86 のような表示をする。

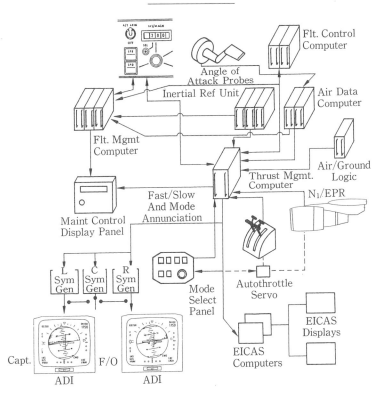

図 13-85　Thrust Management Computer System

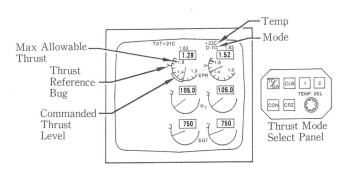

図 13-86　EICAS の表示

13-5-6　IRU（Inertial Reference Unit）

　IRU はレーザ・ジャイロを用いた慣性航法システムの加速度受感部である。その原理については 13-4-3 項を参照されたい。図 13-87 は B 767 の IRS 機能図である。飛行姿勢，ヘディング，加速度，変位角速度を感知し，FMS の各コンピュータに送信すると同時に，EFIS（Electronic Flight Instrument System）のシグナル・ゼネレータを通して，EADI および EHSI に表示をする。

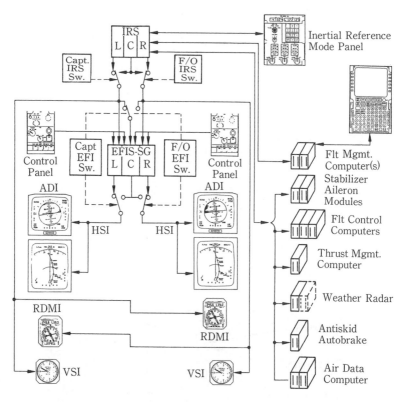

図 13-87　Inertial Reference System

13-6 EFIS (Electronic Flight Instrument System)

EFIS は，ADI (Attitude Director Indicator，図 13-88) と HSI (Horizontal Situation Indicator) で構成され，航空機の姿勢，位置を表示し，パイロットに知らせるシステムである。

最近の航空機の ADI および HSI は CRT (Cathode Ray Tube) で 7 色のカラー表示をする。この CRT の ADI や HSI を EADI (Electronic Attitude Director Indicator)，EHSI (Electronic Horizontal Situation Indicator) と呼んでる。

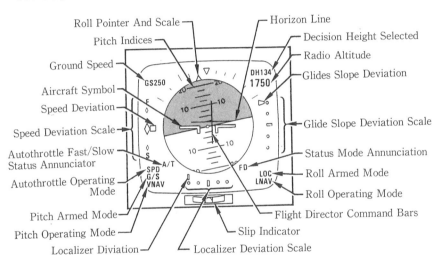

図 13-88 ADI

13-6-1 EADI と EHSI

EADI は，航空機の飛行姿勢およびピッチ角，バンク角のほか，対地速度，オートパイロット，オートスロットル，フライト・ディレクタ・モードなどを表示する。

EHSI は，飛行経路，飛行方向，飛行計画による予定航路，現在の位置などの水平位置を表示する。

マップ・モード（図13-89）では，気象レーダの情勢を表示する。VOR／ILS
モード（図13-90）では，航空機とVORコースとの関係位置を表示し，また，
ILSローカライザ・コースおよびグライド・スロープ・コースからのずれを表示
する。

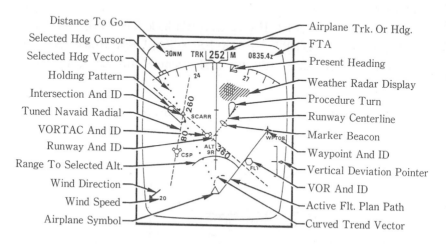

図13-89　HSI(Horizontal Situation Indicator)Map Mode

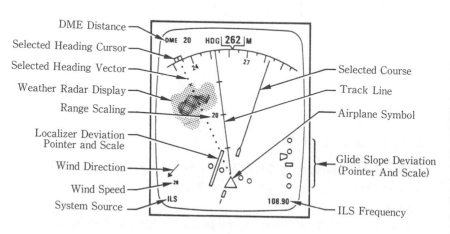

図13-90　HSI VOR／ILS Mode(ILS Shown)

13-6-2 PFD と ND

　B 747-400 およびエアバス 320 では，従来の EADI の機能に，対気速度・マッハ計，気圧高度計，垂直速度計，電波高度計，マーカ灯，フライト・モード表示などを組み込んだ PFD (Primary Flight Display, 図 13-91) と，EHSI に，DME (Distance Measuring Equipment)，RMI (Radio Magnetic Indicator)，気象レーダ，INS (Inertial Navigation System) および PMS (Performance Management System) の情報を統合した ND (Navigation Display, 図13-92) を装備している。NDにはさらに飛行計画ルート，地上航法援助施

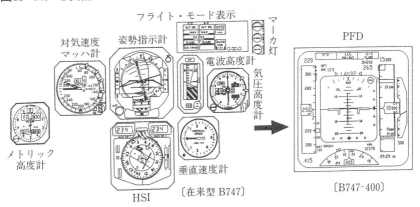

図 13-91 PFD(プライマリ・フライト・ディスプレイ)

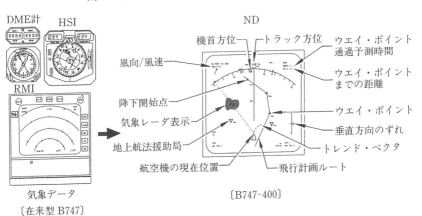

図 13-92 ND(ナビゲーション・ディスプレイ)

設，ウエイ・ポイント，滑走路，待機パターン，機首方位，トラック方位，次のウエイ・ポイントまでの距離と通過予測時間，風向，風速，設定コースから垂直方向のずれ，指定高度到達地点，降下開始点，飛行予定トラックなどが表示される。

13-6-3　EICAS（Engine Indication And Crew Alerting System）

　EICAS コンピュータは，エンジン・パラメータおよび，機体システムのデータを計器盤中央の上下にある EICAS-CRT にカラーで表示する（図13-93参照）。従来は計器盤や FE パネル（航空機関士計器盤）に装備されていたエンジン計器や指示灯，警報灯などを統合し，常時，自動的にモニタし，故障や異常が発生すると直ちに色や音で表示しパイロットに知らせる。

　上方の EICAS には，EPR，N_1，EGT を常時表示し，警戒範囲や運用禁止限界に達すると「黄」および「赤」に変わる。

　N_2，燃料流量，エンジン・オイル圧力，エンジン・オイル温度，エンジン・オイル量，エンジン振動計は，ディスプレイ・セレクト・パネルで「ENG」を選ぶと，下方 EICAS に表示される。異常が発生すると「黄」および「赤」に変わる。

Full Up Normal Mode

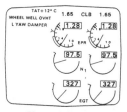

Upper Display

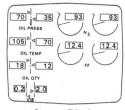

Lower Display

図13-93　EICAS

　飛行中，下方 EICAS をブランクの状態にしておくと，異常が発生したときには自動的に指示が表示される。

　アラート・メッセージは，「警報（Warning）」，「注意（Caution）」，「アドバイサリ（Advisory）」の 3 段階に分類され，上方 EICAS の右上部に表示される。

　警報（Warning）：緊急操作を必要とする場合。メッセージが「赤」で表示され，主警報およびアナンシエータが点灯する。同時に Aural Warning または，火災ベルがなる。

　注意(Caution)：直ちに故障を認識し，適時修正操作を必要とするもの。メッセージが「黄」で表示され，注意報が鳴り，メーンおよびシステム・アナンシエータが点灯する。

　アドバイサリ(Advisory)：故障を確認しておく必要があるもの。メッセージは「黄」で表示される。

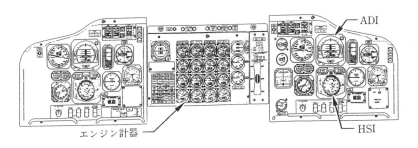

図 13-94　B 747-200 計器パネル

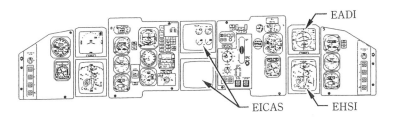

図 13-95　B 767 計器パネル

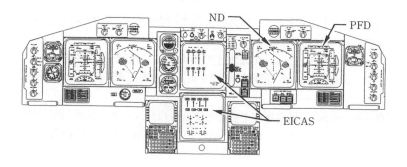

図13-96　B747-400計器パネル

13-7　航空機のデータ・システム

13-7-1　ACARS（Aircraft Communication Addressing Reporting System）

　ACARS は，航空機と地上コンピュータ間のデータ通信システムであり，VHF 送受信機を使用してデータ通信を行う。

a．データ通信の内容

　航空機から地上へ送るデータ（ダウンリンク・メッセージ：Downlink Message）は，

(1)　離発着時刻

(2)　位置情報

(3)　ETA（Estimated Time Arrival）

(4)　AIDS（Aircraft Integrated Data System）

　　または CMC（Central Maintenance Computer）からの機体システム各部の作動状態のパラメータ

(5)　CFDS（Centralized Fault Display System）

　　または ACMS（Aircraft Condition Monitor System）からの故障情報など。

　地上から航空機へ送られるデータ（アップリンク・メッセージ：Uplink Message）は次のとおりである。

(1)　運航情報

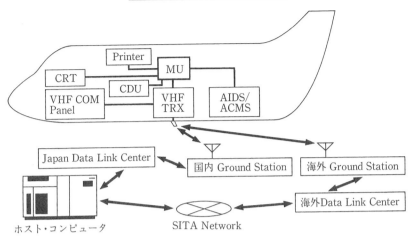

図 13-97　ACARS 機能図

(2)　気象情報

(3)　AIDS，CMC，CFDS および ACMS へのリクエスト

　図 13-97 は ACARS の機能図である。航空機の中では，MU（Management Unit）に航空機の各システムのデータが集められ，VHF 送受信機により地上とデータのやりとりを行う。地上からのメッセージは，航空機の MCDU（Multi-purpose Control Display Unit）およびプリンタへ表示される。

b．データリンク・システム・サービス

　ACARS のネットワーク・システムは次のとおりである。

　SITA（国際航空通信共同体）：世界の航空会社約 300 社が加盟する世界的な通信ネットワークサービスである。データ通信サービスとして AIRCOM を提供する。

　ARINC（Aeronautical Radio Inc）：米国内の航空会社の共同出資で 1929 年に設立された。米国内の通信サービスをする。データ通信サービスとして ACARS を提供する。

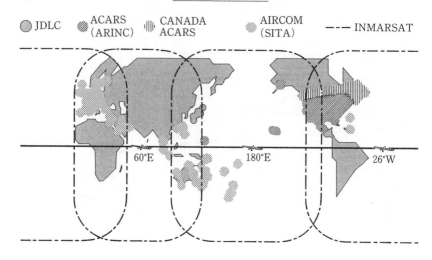

図13-98　データリンク・システム・サービス・エリア

AIR CANADA：空地データリンク・システム，CANADA‐ACARS を運営している。

INMARSAT（国際海事衛星機構）：海事衛星通信サービスを行う国際機関であり，54 カ国が加盟している。

図13-98 は，データリンク・システム・サービス・エリアを示す。

13-7-2　FDR（Flight Data Recorder）

FDR は航空機のデータを記録する装置であり，図13-99 のようにインコネル製のテープにダイヤモンド針で打刻し記録する。テープの記録時間は約 300 時間で，記録するパラメータは，次のとおりである。

(1)　高度
(2)　対気速度
(3)　機首方位
(4)　垂直方向加速度
(5)　時間
(6)　日時，FLT No.

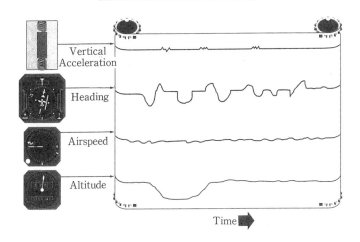

図 13-99 FDR の記録

13-7-3 DFDR (Digital Flight Data Recorder)

　DFDR は，航空機の高度，対気速度，機首方位等のデータを FDAU (Flight Data Acquisition Unit) でデジタル信号に変換し，磁気テープに記録する装置である。磁気テープへの記録は，1 ワードを 12 ビットで構成し，64 ワードをサブフレーム (1 秒) とするフレーム (4 サブフレーム) 方式である (図 13-100)。従って，パラメータの信号は，1 秒に 1 回の時間間隔で記録される。

　テープはエンドレス・テープで 25 時間分を記録する長さであり，事故や災害で焼損しないように耐熱性，耐衝撃性のケースに収納されている (図 13-101)。

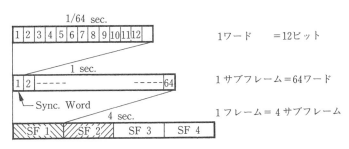

図 13-100 DFDR のデータ形式

図 13-101　DFDR（ケース右半分が耐熱ケース）

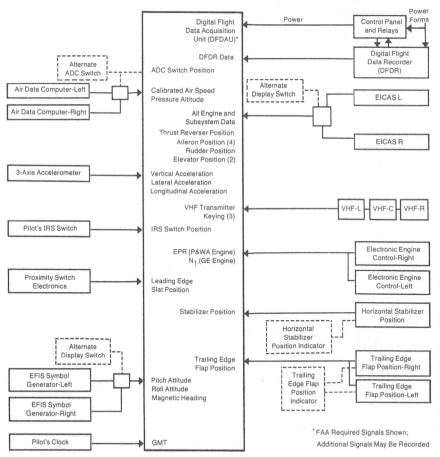

図 13-102　B 767 DFDAU システムとパラメータ

図 13-102 は B 767 の DFDAU（Digital Flight Data Acquisition Unit）で
デジタル信号に変換されるパラメータを示す。

13-7-4 SSFDR（Solid State Flight Data Recorders）

SSFDR はコンピュータ・メモリー・チップにデータを記録する方式である。
図 13-103 のように，メモリー・チップを取り付けたプリントサーキット・カー
ドを耐熱・耐衝撃ケースに収納してある。テープ・レコーダのような可動部分
がないので故障もなく，整備の必要性もない。毎秒 128 ワードのデータを 50 時
間分記録することができる。

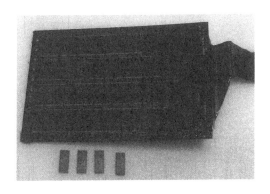

図 13-103　SSFDR のメモリー・チップ

13-7-5 CVR（Cockpit Voice Recorder）

CVR は，パイロットの通信内容や，コクピット内の会話あるいはコクピット
内で聞こえる音を録音する装置である。次の音声が録音される。
(1) Captain の通信
(2) 1 st Officer の通信
(3) コクピット天井のマイクロホンに集音される会話および音
　録音はエンドレス・テープ方式で，常時 30 分間の音声が録音されている。テー
プは磁気テープであり，DFDR と同様の耐熱ケースに収納されている。

13-7-6　BITE（Built-in Test Equipment）

　BITE は航空機のシステムや装備品の故障を探知し，記録する装置であり，地上で整備士が BITE によって記録された故障の情報に従って修理や整備をするシステムである。初期の BITE は個々の装備品に自己診断の機能を持たせたものであった。B 767 では 図 13-104 のような MCDP（Maintenance Control and Display Panel）があり，地上で操作して LRU（Line Replaceable Unit）* の故障の情報を得て整備する。

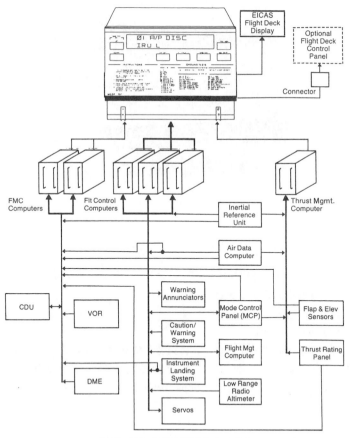

図 13-104　B 767 MCDP システム

＊：LRU とは，通常，装備品，またはブラック・ボックスなどと呼ばれる航空機の部品で，飛行間の整備（ライン整備）で容易に交換することができる装備品の通称である。

13-7-7 ACM システム (Airborn Condition Monitoring System)

ACM システムは，飛行中の航空機の情報やデータを集中管理し，DFDR に記録すると同時に ACARS によって地上に送信し，また操縦室の MFCDU (Multifunction Control and Display Unit) に表示したり，プリンタでプリント・アウトすることもできるシステムである。航空機が地上にある時は QAR (Quick Access Recorder) により DFDR に記録されたデータを地上のテープレコーダに短時間でレコードすることができる（図 13-105）。

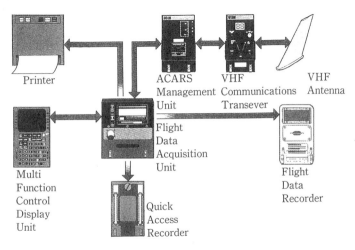

図 13-105　ACM システム

　B 747 - 400 は CMC（Central Maintenance Computer）が故障情報を集中管理し，コクピットの MCDU（Multipurpose Control and Display Unit）に故障情報を表示することができる。また，コクピットにあるプリンタで故障情報をプリント・アウトすることもできる。さらに ACARS によって地上に故障情報を送ることもできる（図 13 - 106）。

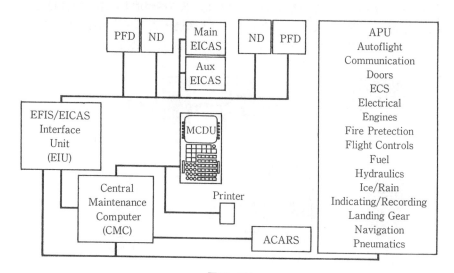

図 13 - 106

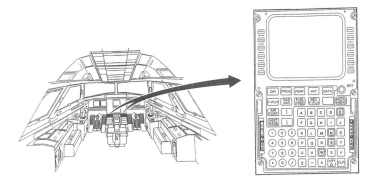

図 13-107　MCDU

図 13-108　コクピットのプリンタ

　A 320 は，図 13-109 のような CFDS（Centralized Fault Display System）があり，CFDIU（Centralized Fault Display Interface Unit）が故障情報を集中管理し，コクピットの MCDU（Multipurpose Control Display Unit）に故障情報を表示することができる。また，コクピットのプリンタでプリント・アウトすることもできるし，ACARS により地上に故障情報を送信することもできる。

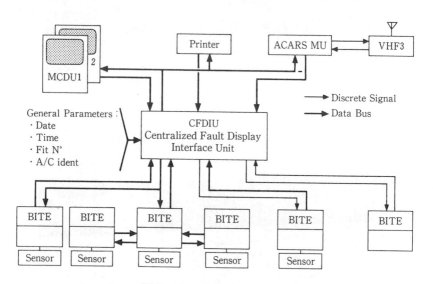

図 13-109　A 320 CFD システム

問題の解答

第I部 (p.44)

1. 7.2×10^{-6} [N]　クーロンの法則より $F = 9 \times 10^9 \times \dfrac{1 \times 10^{-8} \times 2 \times 10^{-6}}{(0.5)^2}$ [N]

2. 400 [V/m], 200 [J]

   $E = V/d = 200 / 0.5 = 400$ [V/m]　$W = g \times V = 1 \times 200 = 200$

3. 60 [V], 30 [V], 20 [V]　電圧 $= V_1 + V_2 + V_3 = 100$ [V], 電気量 $=$ $10^{-6} V_1 = 2 \times 10^{-6} V_2 = 3 \times V_3$, この2式より　$V_1 = 60$, $V_2 = 30$, $V_3 = 20$

4. $\dfrac{C_1(C_2 + C_3)}{C_1 + C_2 + C_3}$　$V = V_1 + V_3$, $C_1 V_1 = (C_2 + C_3) V_2$ を解く。

5. 30 [Ω]　オームの法則より　$6 = 200 \times 10^{-3} \times R$

6. 13 [V], 3.5 [A], 1.5 [A]　$4 \times I_3 = 3 \times 2$ より　$I_3 = \dfrac{3}{2}$ [A], $I_1 = 2 + \dfrac{3}{2} = 3.5$ [A], $V = 2 \times 3.5 + 6 = 13$ [V]

7. 3 [A], 15 [V], 2 [A], 1 [A]　合成抵抗 $= 3 + \dfrac{3 \times 6}{3 + 6} = 5$ [Ω], 電流計の指示 $= \dfrac{18}{5 + 1} = 3$ [A], 電圧計の指示 $= 18 - 3 \times 1 = 15$ [V], 抵抗 3 [Ω] の電流 $= \dfrac{15 - 3 \times 3}{3} = 2$ [A], 抵抗 6 [Ω] の電流 $= 3 - 2 = 1$ [A]

8. 12.7 [A/m], 38.2 [A/m]　4 [A] の電流による磁界　$H_4 = \dfrac{I}{2\pi r} = \dfrac{4}{2\pi(0.05)} = 12.7$ [A/m], 8 [A] の電流による磁界　$H_8 = \dfrac{8}{2\pi(0.05)} = 25.5$ [A/m]。電流の向きが同じ場合, 磁界の向きが反対であるから互いに打ち消し合う。したがって, $25.5 - 12.7 = 12.7$ [A/m]。電流が逆向きの場合　$25.5 + 12.7 = 38.2$ [A/m]

第II部第9章 (p.85)

1. アマチュアに発生する交流をコミュテータとブラッシの組み合わせにより, 同方向の電流（直流）として取り出す。
2. 直巻式発電機, 分巻式発電機, 複巻式発電機　航空機の発電機は分巻式発電機であるが, アマチュア・リアクションを防止するためのインター・ポー

ル巻線が直巻となっているものがある。

3. 発電機のアマチュア電流によって発生する磁束により，発電機のフィールドの磁界が乱され，コミュテータのゼロ電圧位置が移動するためにコミュテータとブラッシ間にアーク放電が発生する現象のこと。

4. ブラッシの位置を回転方向に移動する方法と，インター・ポールを設ける方法がある。

5. (a) カーボン
   (b) 高高度では水蒸気圧が低下し摩擦係数が高くなりブラッシの異常摩耗が発生する。

6. 発電機はフィールド電流を増加すると電圧が上昇し，フィールド電流を減少すると電圧が低下する。発電機の電圧はフィールド電流でコントロールする。

7. カーボン・パイル式電圧調整器は，カーボン・パイルを圧着する力の強さによって抵抗が変化することを利用したものである。発電機のフィールド・コイルに直列にカーボン・パイルを接続し，スプリングの力で圧着してある。発電機の電圧が高くなると，コイルの磁力によりスプリングに抗する力を生じるのでカーボン・パイルの抵抗が増大し，フィールド電流を減少するので発電機の電圧が低くなる。

8. バイブレータ式電圧調整器は，発電機のフィールド・コイルに直列に固定抵抗器を「挿入」「バイパス」を繰り返してフィールド電流を増減し，発電機の電圧をコントロールする。固定抵抗器をバイパスするコンタクトは通常200回/分のオン・オフを繰り返している。

9. 発電機のフィールド・コイルは鉄芯に巻いてあり，鉄芯を磁化して磁界を形成している。通常は鉄芯の残留磁気で初期発電が行われるが，残留磁気が減少して初期発電が不能になる場合がある。この場合，フィールド・コイルに一定時間電流を加えて残留磁気を復活させることをフラッシングという。

10. 直流発電機の並列運転の条件は，電圧が等しいことである。もし電圧に差があると負荷がアンバランスになる。負荷電流がアンバランスになるとロードシェアリング回路に電流が流れ電圧調整器が作動し，発電機の電圧を等しくする。

11. 航空機の発電機はラム・エアで冷却されている。ただしIDGは内蔵オイルにより冷却される。

12. (3)　　$f = \dfrac{\text{rpm} \times 極数(対)}{60}$

13. root mean square（実効値）　交流は正弦波で，常に $0 \to \text{Max} \to 0 \to \text{Min}$ と変化しているので平均値を実効値という。$\text{rms} = \dfrac{V_{\max}}{\sqrt{2}} = \dfrac{I_{\max}}{\sqrt{2}}$

14. (1)

15. Power Factor $= \dfrac{\text{kW}}{\text{kVA}}$　　　電力は電圧と電流の積であるが，交流は電圧と電流の位相がずれている場合が多いので，位相差を加味したものが有効電力（kW）になる。$\text{kW} = \text{kVA} \cos\theta$

16. エンジンの回転数の変動に応じて発電機の周波数が変動するものを変動周波数型という。周波数の変動による影響の少ない負荷（電熱式防氷システム等）の電源としてターボプロップ機に使用される。

17. 交流発電機の周波数は回転数と極数に比例する。航空機用交流電源は400〔Hz〕であり，発電機の回転数は8,000〔rpm〕であるから，$400 = \dfrac{8,000 \times P \div 2}{60}$ より　$P = 6$

18. 発電機の電圧はフィールド電流に比例する。フィールド電流をコントロールして電圧を調整する。

19. CSDはエンジンの回転数が変化しても，発電機の回転数を8,000〔rpm〕に保持するための装置である。構造はハイドロポンプとハイドロモータの組み合わせで，エンジン回転数が変化するとプランジャ型ハイドロポンプのワブラの角度が変化しプランジャのストロークが変わるのでポンプの吐出量が変化し，ハイドロモータの回転数が相対的に変化するのでCSD出力シャフトの回転は一定になる。

20. 交流発電機の並列運転の条件は周波数，電圧，位相が一致していること。並列運転中の交流発電機の回転数が変化するとリアル・ロード（kW）のアンバランスが発生し，電圧が変化するとリアクティブ・ロード（kVAR）がアンバランスになる。ロード・コントロールはkWを感知しCSDに信号を送り回転数をコントロールする。kVARを感知すると電圧調整器に信号を送り電圧をコントロールする。

21. kVARはkilo Volt Ampere Reactiveで交流の無効電力である。電圧と電流の位相差によって発生し，$\text{kVA} \sin\theta$ と表示する。

22. 交流発電機のロードシェアリング・システムは発電機のC相のCTを直列

に接続したネットワークとロード・コントロール・ユニットで構成され，各
発電機の kW と kVAR を感知し，kW シグナルは CSD ガバナへ，kVAR シ
グナルは電圧調整器に，それぞれ送られて負荷を平衡させる。

23. 並列運転中の各発電機の kW の分担は CSD の Underspeed or Overspeed
を意味している。各発電機のロード・コントロール・ユニットは kW を検出
し，CSD の Underspeed or Overspeed を感知する。

24. P は P 型半導体，N は N 型半導体の記号である。P—N—P トランジス
タは，P 型半導体の間に N 型半導体をサンドイッチしたものである。

25. 図 5-8 (p.21)

26. (3)

27. P 型半導体と N 型半導体を接合したものが整流器である。P 側に（＋），
N 側に（－）の電圧を加えるとホールは P 側に，電子は N 側に移動するので
電流は流れない。P 側に（－），N 側に（＋）の電圧を加えると，ホールは接
合面を通過して N 側に，電子も接合面を通過して P 側に移動して電流とな
る。

28. (3)

29. ゲルマニウム整流器，セレン整流器，シリコン整流器

30. 整流器に逆電圧を加えると電圧が一定値に達したとき，突然電流が流れる。
このときの電圧値をゼナー電圧という。

31. SCR はシリコン整流器にゲートを取り付けた構造で，通常は順方向にも
電流が流れないが，ゲートに電圧を加えると順方向に電流が流れ電位が 0 に
なるまで電流を止めることはできない。

32. 図 9-42 (p.75)

33. 図 9-43 (p.75)

34. 変圧比＝$\dfrac{\text{出力電圧}}{\text{入力電圧}}=\dfrac{\text{二次巻数}}{\text{一次巻数}}$　　変圧比＞1 の場合はステップアップ，
変圧比＜1 の場合はステップダウン。

35. 図 9-44 (p.76)

36. 変圧器は一次巻線が発生する磁力線により二次巻線に二次電圧を発生させ
る。CT は電線を流れる大電流が発生する磁力線を利用して二次電圧を発生
させる。したがって CT は一次巻線のない変圧器である。交流発電機の出力
電線の CT により，kW, kVAR を感知し，発電機の電圧と CSD の回転数を
コントロールする。

37．図 9‑49（p.78）

第II部　第 10 章（p.112）

1．母線は通常，ジャンクション・ボックスや配電盤の中にある低抵抗の銅板で，ここからサーキット・ブレーカを経由して負荷に配電する。負荷の種類（重要度）と電源の種類（AC 115 V，AC 28 V，DC 28 V）によって分類される。

2．スプリット母線システムの目的は，電気回路に故障が発生した場合に切り離すことができるように，負荷を目的や重要性に応じて分散する母線システムである。

3．アルミニウムは空気に触れると酸化フィルムができる。酸化フィルムは電気抵抗となり，接続部が発熱・電蝕を発生する。アルミ電線を接続する場合は，酸化フィルムを除去するために，亜鉛コンパウンドを塗布する。

4．航空機電気配線は，機体構造を（－）ラインとしている。したがって機体構造は電気的に良導体でなければならない。ロッドやパイプの接続部は抵抗になりやすいので電気的バイパスを設ける必要がある。これがボンディング・ワイヤである。

5．スタティック・ディスチャージャは，機体表面に帯電する静電気をコロナ放電を伴わずに大気中に放電する装置である。ニクロム線をブラッシまたはランプ芯の形状にしたタイプと，タングステン針をロッドに取り付けたタイプとがある。

6．(1)

7．図 10‑25（p.103）

8．回路の短絡状態が修復されない限り，リセットできないタイプのサーキット・ブレーカをトリップ・フリー・サーキット・ブレーカと呼ぶ。

9．通常のサーキット・ブレーカはつまみを押し込むと「ON」，つまみを引き出すと「OFF」となる。

10．直流発電機の（＋）端子へ負荷側から電流が流れることをリバース・カレントという。

11．航空機直流発電機の電圧が正常になり負荷に電流を流せる状態になると，リバース・カレント・カットアウト・リレーの電圧コイルと電流コイルの相乗効果によってリバース・カレント・カットアウト・リレーが「ON」になり，発電機を母線に接続する。発電機の電圧が低下し，発電機に電流が逆流する状態になると電圧コイルと電流コイルが互いに打ち消し合って，リバー

ス・カレント・カットアウト・リレーが「OFF」になり，発電機が母線から切り離される。

12. リバース・カレント・サーキット・ブレーカの目的は，リバース・カレント・カットアウト・リレーが正常に作動しない場合に，発電機を母線から切り離して逆流を防ぐことである。リバース・カレント・サーキット・ブレーカは「トリップ」するとロックアウトの状態になり，リセットしない限り元の状態には戻らない。

13. 電圧調整器の故障や発電機フィールド回路の故障で異常な高電圧になった場合は，オーバボルテージ・リレーが作動して発電機を母線から切り離す。

14. 可動コイル型計器は，永久磁石の極の間に指針コイルを組み込む構造になっている。コイルに電流が流れると回転力が発生し，指針が回転しスプリングの力とバランスした位置に停止する。

15. 可動コイル型計器は微弱電流で作動する計測器であり，電気回路に直列に接続することはできない。必ずシャント（分流器）と組み合わせて使用する。

16. 電流を計測する場合は，シャント（分流器）により，最大電流が電流計の最大目盛になるよう設定してから測定をする。

17. マイクロスイッチの構造は図10-16(p.99)。プランジャを押すとスプリングメンバが変位して接点が切り換わる。プランジャを元の位置に戻すとスプリングメンバが元の形に修復し，接点が元の状態に切り換わる。

18. (3)

第Ⅱ部　第11章 (p.121)

1. 直巻モータは起動時のような大負荷に対して大きなトルクを出すことができるので，スタータ・モータに適している。分巻モータは定速度連続運転に適しているのでファン・モータ等に使われる。複巻モータは，直巻モータと分巻モータの両方の特性を備えているのでフラップ・モータ，ハイドロポンプ・モータ等に使用する。

2. 1.項と同じ

3. (1)　$N = \dfrac{V}{k\phi}$ であるから，フィールド電流を小さくすると回転数が多くなる。

4. 図11-3(a) (p.115)

5. 図11-5 (p.116)

6. (3)

7. 誘導モータのフィールドは三相交流電源によって磁界が移動し回転する。これを回転磁界と呼ぶ。

8. 回転磁界により，誘導モータのロータに誘起電圧が発生し電流が流れる。ロータの電流により生じる磁極は回転磁界に追従するのでロータが回転する。ロータに機械的負荷を加えるとロータは回転磁界より遅れる。遅れるとロータの誘起電流が大きくなりトルクが発生する。ロータの遅れをスリップという。

9. (3)

10. $N = 120\dfrac{f}{P}$ P：極数，f：周波数

11. 単相電源では回転磁界を形成することができないので，単相誘導モータには起動巻線がある。起動巻線には直列にコンデンサが接続されているので，起動巻線にはフィールド電流に対して 90° 進んだ位相の電流が流れる。したがって回転磁界を形成することができる。単相誘導モータは起動すれば回転を続けることができるので，起動後は起動巻線の給電を停止する。これをコンデンサ起動方式という。

参 考 文 献

1. "Aviation Technician Integrated Training Program"　　IAP Inc.
2. John M. Ferrara "Avionics"　　Air and Space Co.,
3. "Boeing 767-200 General Description"　　BCAC
4. "Airliner"　　BCSD
5. 電気学会編　　『電気回路論』　　電気学会
6. 神保成吉　　『電気磁気学』　　共立出版
7. 大隅菊次郎　　『電気機械』　　共立出版
8. 栗田忠四郎　　『電子原論』　　学術文献出版会
9. 村上正夫　　『航法無線機器』　　オーム社
10. 岡田和男　　『航空電子入門』　　㈳日本航空技術協会
11. 加藤昭英　　『航空電子装備』　　㈳日本航空技術協会
12. 加藤昭英　　『航空電気装備』　　㈳日本航空技術協会
13. 月刊『航空技術』　　アビオニクスの現状と将来　　㈳日本航空技術協会
14. 日本航空技術協会編　　『アビオニクスの知識』　　㈳日本航空技術協会
15. 航空電子システム編集委員会編　　『航空電子システム』　　日刊工業新聞社

索　引

INDEX

234

　本書についての御質問やお問合せは、公益
社団法人 日本航空技術協会　図書出版部まで
ｅメールでご連絡下さい。

1986年 8 月28日	第 1 版	第 1 刷発行
1994年 8 月30日	改訂第 1 版	第 1 刷発行
2005年 3 月10日	改訂第 1 版	第 5 刷発行
2008年 6 月 1 日	改訂第 1 版	第 6 刷発行
2013年 3 月31日	改訂第 1 版	第 7 刷発行
2018年 3 月31日	改訂第 1 版	第 8 刷発行
2023年 6 月30日	改訂第 1 版	第 9 刷発行

航 空 電 気 入 門

1986ⓒ　編　著　公益社団法人　日本航空技術協会

　　　　発行所　公益社団法人　日本航空技術協会

　　〒 144-0041　東京都大田区羽田空港 1 - 6 - 6
　　　　　　　　URL　https://www.jaea.or.jp
　　　　　　　　E-mail　books@jaea.or.jp

印刷所　株式会社　丸井工文社

ISBN978-4-909612-35-9　C3054